iT邦幫忙 鐵人賽

30天與Docker做好朋友

跟鯨魚先生一同探索開發者的大平台

修訂版

以開發者為導向的 Docker 新手入門書！

介紹 Docker 如何建置、分享與執行的一條龍服務
應用 Docker 技術在開發的流程裡
採用手把手執行指令的方式，來說明 Docker 的各種基礎概念

本書提供線上範例檔

周建毅（Miles）—— 著

作　　者：周建毅 (Miles)
責任編輯：林政諺

董 事 長：陳來勝
總 編 輯：陳錦輝

出　　版：博碩文化股份有限公司
地　　址：221 新北市汐止區新台五路一段 112 號 10 樓 A 棟
電話 (02) 2696-2869　傳真 (02) 2696-2867

發　　行：博碩文化股份有限公司
郵撥帳號：17484299　戶名：博碩文化股份有限公司
博碩網站：http://www.drmaster.com.tw
讀者服務信箱：dr26962869@gmail.com
訂購服務專線：(02) 2696-2869 分機 238、519
（週一至週五 09:30 ～ 12:00；13:30 ～ 17:00）

版　　次：2022 年 4 月二版

建議零售價：新台幣 600 元
I S B N：978-626-333-078-8
律師顧問：鳴權法律事務所 陳曉鳴律師

本書如有破損或裝訂錯誤，請寄回本公司更換

國家圖書館出版品預行編目資料

30 天與 Docker 做好朋友：跟鯨魚先生一同探索開發者的大平台 / 周建毅 (Miles) 著 . -- 二版 . -- 新北市：博碩文化股份有限公司，2022.04

面；　公分-- (iT邦幫忙鐵人賽系列書)

ISBN 978-626-333-078-8(平裝)

1.CST: 作業系統

312.54　　111004179

Printed in Taiwan

博 碩 粉 絲 團

歡迎團體訂購，另有優惠，請洽服務專線
(02) 2696-2869 分機 238、519

推薦序

最初是在 PHP 社群中認識 Miles 的，在我的心中，Miles 是一位有著清楚邏輯、優異程式開發及測試能力的優秀軟體工程師。當年隨著 DevOps 風潮的熱絡，Miles 也一度加入成為 DevOps Taiwan Community 的志工，協助社群事務並分享他個人在持續整合（CI）及軟體測試方面的經驗談。

除了活躍於 PHP 與 DevOps 社群，Miles 也是連續多年參加 iThome 鐵人賽的資深鐵人，據我所知，他自首次參賽以來，便年年參賽，更曾經多次自我挑戰提升鐵人程度，不止步於一人一鐵，最高紀錄挑戰過一人三鐵，在一場鐵人賽中一次挑戰撰寫三個不同主題，這樣的毅力與鐵人精神實在是令我十分佩服。

這次 Miles 將他在第 12 屆 iThome 鐵人賽的得獎系列文章集結成冊，出版了《30 天與 Docker 做好朋友》鐵人賽系列書籍。這本書給我的感覺，與 Miles 一直在社群中帶給人的印象相符——不打高空、以紮（血）實（淚）的實務經驗為本，透過幽默易懂的方式，將自身的經驗轉化為他人容易消化吸收的成長食糧。這本書不同於其他的 Docker 技術書，是一本由 Developer 撰寫給 Developers 的絕佳 Docker 入門書，值得推薦給所有需要立即踏進 Docker 世界的開發者。

最後，再次恭喜 Miles 於第 12 屆 iThome 鐵人賽獲得佳績，並突破校對寫書這段難熬的出版必經之路，順利為 iThome 鐵人賽系列書籍再添一位生力軍！各位 IT 人，你還在考慮嗎？有機會的話，請你務必要挑戰看看一生至少要參加一次的 IT 鐵人賽！

陳正瑋

艦長 / DevOps Taiwan 社群志工

序 Preface

軟體工程在最近幾年不斷的推出新技術，但軟體開發的流程並沒有太大變化。其中，環境建置一直以來都是流程中最基本，同時也是最需要依賴前人經驗的任務。

筆者從事軟體開發工作約十年左右。雖然時間不長，但經歷過環境建置上的問題，並從解決這些問題的過程中，發現大多數情境在應用 Docker 都非常順手。雖然 Docker 非常好用，但學習技術門檻高，前置技能又多，筆者在這過程中吃了非常多苦頭。另外 Docker 本身著重在環境建置，而軟體要跟環境整合才能正常運行，如何寫出能在 Docker 環境上運作的程式，以及如何運用 Docker 特性寫出良好的程式，這又是另一門學問。

筆者在 2015 年遇到了 Docker 並開始學習，當時因為對 Docker 特性不理解而踩過非常多雷，這些都對於筆者了解 Docker 基本特性有非常大的幫助。

本書以開發者的角度來說明 Docker 概念、使用方法與相關的應用。筆者會把學習 Docker 過程中遇到的問題或難理解的概念，透過圖片和實作來讓讀者體會。除此之外，本書安排了一個部分會介紹軟體開發的概念，了解這些概念，除了能在 Docker 環境上順利執行，同時也能順利在 VM 架構或 AWS 等公有雲上運行，建議讀者即使不是使用 Docker，也能多了解。

最後，因筆者水準有限，加上 Docker 或軟體開發方法持續推陳出新，因此本書難免會有內容不足的地方，敬請指正。

本書的內容結構

本書內容以開發者應用 Docker 的角度，分成三個部分為：熟悉、創造、深入了解。

第一部分為熟悉 Docker。這部分會介紹 Docker 與操作 Docker 來完成簡單常見的任務。

第 1 章 - Docker 介紹

本章簡略說明 Docker 虛擬化與 VM 虛擬化的差異，讓讀者了解使用 Docker 所帶來的好處為何。

Docker 本身是一個環境建置的解決方案。但相對的，它本身也是需要被建置出來的環境。這個章節會介紹目前筆者已知的各種架設環境方法，讓讀者準備可運行的環境後，就可以開始閱讀並練習後面的章節。

第 2 章 - 哈囉！世界！

寫程式有 Hello World，Docker 同樣也有。從執行最簡單的 Hello World，可以確保 Docker 環境成功建置；而從這個簡單的範例也可以了解 Docker 元件運作的原理與基本概念；接著說明 `docker run` 指令如何拆解，把這些子指令跟 Docker 運作原理做比較後，將會更了解 Docker 執行應用程式的過程。

後續的章節會跟基本概念息息相關，因此本章節建議要確實閱讀。

第 3 章 使用 Docker 的指令建置環境

Docker 是虛擬化技術，它能打造一個沙箱（Sandbox）環境並在裡面執行程式。若沒有做額外設定的話，外界是無法跟裡面執行中的程式溝通的。本章節會以一步一步解決需求的方法，來說明如何透過不同的方法讓外部與沙箱環境連結。

第 4 章 Container 實務應用

前兩章說明了 `docker run` 幾個常用的選項和參數，也做了一些簡單的範例。

本章將以情境的方式，介紹如何應用 `docker run` 指令完成任務。

第 5 章 運用 Docker Compose 組合 container

現今的服務大多會需要結合多個子服務，組合起來才能正常執行。雖然 Docker 可以做到把多個子服務串接，但要按順序執行非常多指令才能成功。

而 Docker Compose 正如其名，可以用來組合多個 container 成為一個完整服務的工具，而且它使用 YAML 描述檔定義 container 的關係，簡化了執行 `docker run` 過程，同時也實現了環境即程式碼，讓 container 的設定與 container 之間的關係可以簽入版本控制。

第二部分為創造 Docker Image。網路上可以找到許多打包好的環境，但通常都跟企業需求不符。而第二部分，要來說明如何打造屬於自己的客製環境。

第 6 章 了解 Docker build 指令

前面幾章全都是環繞在使用 `docker run` 指令，這個指令主要是在操作 container。而本章開始，則是要討論如何操作 image ——創建自己專屬的 image。

與 `docker run` 一樣，在開始實際打造客製化 image 前，會先說明 `docker build` 指令的原理。因為 `docker build` 的概念會應用 `docker run` 指令，因此建議回頭複習一次第 2 章的內容後，再開始來看會更清楚。

第 7 章 來實際打造 image 吧

了解 `docker build` 後，接下來就是要應用所學建置 image。本章會以 Laravel 預設歡迎頁做為一個應用程式，來建置一個客製化的 image！

第 8 章 最佳化 Dockerfile

要寫 Dockerfile 並不難，要寫出好的 Dockerfile 才比較困難。本章會延續前章的產出物，來說明如何幫 image 做最佳化。

第 9 章 為各種框架 build image

成功完成 image 的建置後，本章選了幾個冷門的語言和框架來建置 image。建議讀者可以練習並感受看看環境即程式碼的好處——環境封裝成一個 Dockerfile 檔，即使對語言框架不熟，依然還是可以建置 image 並執行。

第 10 章 分享 image

本機建置好 image 後，只能在自己的電腦上使用。如果能把 image 放到網路上讓其他人下載，那就可以確保大家的環境都是一致的。本章介紹幾種分享 image 的方法，讀者可以視情況選擇。

最後的第三部分是要深入了解 Docker，遇到複雜的情境，必須要了解更基礎的知識才能分析與解決問題。同時也介紹如何設計程式與系統架構，就能夠有效發揮 Docker 的威力。

第 11 章 Docker 如何啟動 process

Docker 的原理，其實就是把 process 隔離在一個虛擬空間裡，了解 Docker 的第一步，就是先了解它怎麼啟動，接著才會知道如何控制、管理與使用。

第 12 章 如何運行多個 process

運行多個 process 為 Docker 管理 process 的常見應用之一。能夠運行多個 process 就會跟 VM 非常相似，也能做到許多 VM 能做的事。但切記，container 就是 process，所以想在一個 container 上運行多個 process 是不太好控制的。

第 13 章 活用 ENV 與 ARG

寫程式有程式碼重用，而寫好的 Dockerfile 要如何重覆利用？本章會說明如何利用 ENV 與 ARG 兩個參數，讓一個 Dockerfile 產生更多變化。

第 14 章 Volume 進階用法

資料持久化與檔案保存是系統管理的主要議題之一，Docker 透過使用 Volume 元件可讓 container 保存資料的方法更彈性自由。

第 15 章 Network 手動配置

Docker 把啟動 container 變簡單了，啟動了這麼多 container，它們之間的網路關係，以及他們是如何跟外界溝通，都是透過本章所提到的 Network 元件達成的。

第 16 章 Docker 與軟體開發方法

軟體工程時常會討論各種開發流程和方法，或是軟體架構等。而 Docker 的加入，對於整個開發流程或方法帶來什麼樣的變化，是本章想跟讀者分享的。

Docker 是一個要求門檻較高且學無止盡的技術。在開始說明之前，首先先來了解看本書之前要先準備什麼。

文章內文特殊區塊

TIPS 是筆者個人習慣的做法，可以做為選擇之一。

LINK 代表更多資訊需要外連其他網站參考。

CODE 會放在比較長的程式碼之後，提供使用者下載原始碼。

前置技能

- 使用常見指令操作 Linux
- 了解在 Linux 如何控制 process 的狀態
- 網路底層相關知識，包含 router、mask
- 常見 server 的運作原理，如 NAT、DHCP、DNS 等
- 了解 HTTP 與 TLS 基本運作原理

以 Linux 指令說明為主

以 Linux 為主的原因是，Docker 應用在 Linux 還是比較成熟。

以 CLI 為主是因為：GUI 的背後都有對應的指令，最終都還是需要了解指令，既然遲早要學習，倒不如一開始就了解它！章節提到的指令或參數在本書的附錄會提供補充說明，讓有興趣的讀者可以查詢或複習。

環境資訊參考

文章裡的範例都是筆者有試驗並成功的。Docker 有些功能不一定會向下相容，如果測試遇到問題時，建議可以先確認版本資訊是否一致。

```
> docker version
Client: Docker Engine - Community
 Version:           20.10.5
 API version:       1.41
 Go version:        go1.13.15
 Git commit:        55c4c88
 Built:             Tue Mar  2 20:13:00 2021
 OS/Arch:           darwin/amd64
 Context:           default
 Experimental:      true

Server: Docker Engine - Community
 Engine:
```

```
  Version:          20.10.5
  API version:      1.41 (minimum version 1.12)
  Go version:       go1.13.15
  Git commit:       363e9a8
  Built:            Tue Mar  2 20:15:47 2021
  OS/Arch:          linux/amd64
  Experimental:     false
 containerd:
  Version:          1.4.3
  GitCommit:        269548fa27e0089a8b8278fc4fc781d7f65a939b
 runc:
  Version:          1.0.0-rc92
  GitCommit:        ff819c7e9184c13b7c2607fe6c30ae19403a7aff
 docker-init:
  Version:          0.19.0
  GitCommit:        de40ad0

> docker-compose version
docker-compose version 1.28.5, build c4eb3a1f
docker-py version: 4.4.4
CPython version: 3.9.0
OpenSSL version: OpenSSL 1.1.1h  22 Sep 2020
```

01 Docker 介紹

02 哈囉！世界！

03 使用 Docker 的指令建置環境

04 Container 實務應用

05 運用 Docker Compose 組合 container

06 了解 Docker build 指令

07 來實際打造 image 吧

08 最佳化 Dockerfile

09 為各種框架 build image

10 分享 image

11 Docker 如何啟動 process

12 如何運行多個 process

13 活用 ENV 與 ARG

14 Volume 進階用法

15 Network 手動配置

16 Docker 與軟體開發方法

A 指令補充說明

B 其他好用的指令

01

Chapter

Docker 介紹

在開始介紹 Docker 前，先講點歷史 —— 虛擬化技術。

虛擬化技術是把硬體定義一組抽象介面，如 CPU 或記憶體等，然後把實體電腦的資源做轉換，提供給管理介面去組合出虛擬環境。虛擬化技術目前並沒有明確的定義範圍，因此有時候如 JVM（Java 虛擬機器）也可以被稱之為虛擬化技術。

虛擬化技術裡，其中有一類叫 Hypervisor 是屬於硬體虛擬化，它可以把硬體的資源轉換給虛擬機器（Virtual Machine，簡稱 VM[1]）使用，讓一個實體電腦裡可以開個多個 VM 環境，個人電腦和伺服器上都有其適用的場景，如 VirtualBox 即為其中一個實作。

2008 年，Linux 上出現了一個新的技術叫 LXC（Linux Containers）。LXC 是 Linux Kernel（核心）提供的作業系統層虛擬化技術，它可以把應用程式的程式碼、作業系統核心、函式庫，打包成 container（容器）。接著透過核心來分配該 container 可使用的硬體資源，最後再創造應用程式獨立的沙箱執行環境。

2013 年 Docker 問世，它定義了容器化標準[2]，把建立與操作 container 的過程簡化，讓 container 運行起來有如 VM 一般；加上

1 筆者查過許多文章與資料，目前大部分文章都使用 VM 代表 Hypervisor，本書後面也會採用一樣的習慣。

2 過去只有 Docker 自己一套標準，在 2016 年 4 月由 Docker 與多家廠商組成 OCI 聯盟，推出第一個開放容器標準 OCI 1.0。

配合 Union 檔案系統，來達到更多元的應用，如 image（映像檔）重用或 container 裡共享檔案系統等，這些特色使得 Docker 很快地就成為火紅的技術。

上述歷史中，有提到 VM 與 container 兩個虛擬化技術，它們都有以下好處：

- 建立沙箱執行環境，可以確保執行應用程式的客體（guest）之間，與管理資源系統的主體（host）互相獨立不干擾
- 可將程式、函式庫、核心、環境打包，提高應用程式的可攜性

而 container 跟 VM 之間比較又各有千秋。下圖是 container 架構與 VM 架構比較圖（如圖 1-1）：

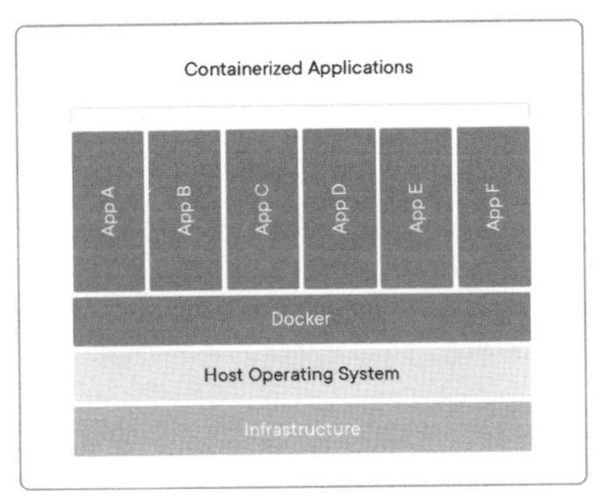

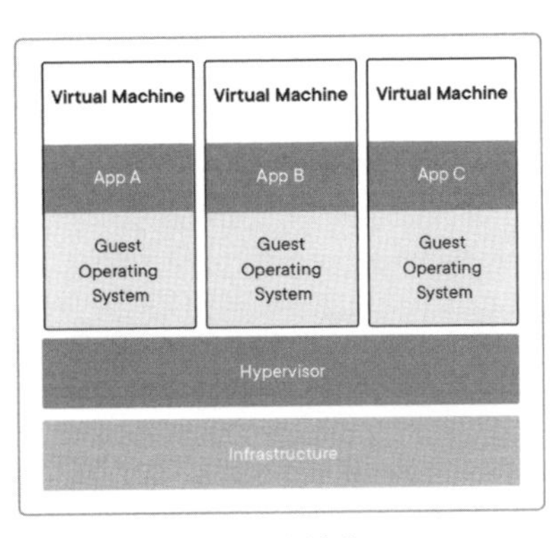

▲ 圖 1-1：官網提供的架構比較圖，左邊為 container 架構，右邊為 Hypervisor 架構，圖片來源 https://www.docker.com/resources/what-container

Container 與 VM 主要差異在於，container 是透過 Docker 去存取共用的作業系統核心資源，而 VM 則是每個 App 都需要有獨立完整的作業系統資源。從這裡就可以了解 container 相較 VM 具有資源消耗少、空間佔用小、啟動快的特性。因為 container 直接使用共用的作業系統核心資源，省去了模擬作業系統所要消耗的資源。

但，有一好就沒兩好。container 也有缺點，像是無法模擬不同的核心。如：Linux 模擬 Windows 核心是辦不到的；核心與硬體資源是直接跟 container 分享的，這代表隔離性與安全性都比 VM 差。

以下整理 container 與 VM 的比較表：

項目	Container	VM
硬體資源耗用	小	大
執行效能	快	慢
安全性	較差	較好
虛擬化其他核心	不可	可

了解 container 與 VM 的差異後，再來介紹 Docker 本身額外的特色：

- Docker 讓環境統一變得更容易，這有助於設計持續整合、持續部署的架構
- Docker 可透過 Union 檔案系統重用檔案資源，提高資源使用率
- 只要雲端服務或機器支援 Docker 且作業系統核心相同，就幾乎保證能正常地運行 Docker 包裝好的服務

- Docker 使用 `Dockerfile` 的純文字檔做為建置 image 的來源，這代表 Docker 實踐了環境即程式碼（infrastructure-as-code，簡稱 IaC），環境資訊可以被版控系統記錄

什麼時候會需要 Docker？

Docker 應用場景很廣，如本機開發、測試或是部署上線，橫跨開發與維運，也是現今 DevOps 熱門技能之一。

如果需要使用 VM 類型的虛擬化技術時，Docker 會是選擇之一。而 Docker 包裝 image 與啟動 container 的方法都非常簡單，加上額外佔用的硬體資源很少，如同平常在執行應用程式一般，因此要在特定環境執行或測試某個應用程式，是 Docker 很常見的應用場景，如：

- 想在本機架設某一個版本的後端服務，如 MySQL、Redis 等
- 想在特定環境下測試應用程式執行的結果，如 Node、Python 等
- 想包裝自己客製化的應用程式或環境，提供給其他需要的使用者

Docker 能很好地執行單一應用程式。若不是單一應用程式的場景，比方說需要模擬完整的作業系統環境時，則不適合使用 Docker。如，測試 Linux 排程、背景程序等。

Docker 環境架設

開始學習任何軟體技術的起手式都是一樣的：要先把環境建好。筆者使用 Docker 的過程中，有嘗過多種安裝方法，每個方法各有優缺點。以下提供筆者目前已知的安裝方法，讀者可以依自己喜好自由選擇。

原生系統上安裝

若沒有特殊需求或限制，則建議使用這個方法，好處是使用者多，資源豐富。以下針對三個主流作業系統做簡單的說明：

Linux

Docker 最一開始是基於 Linux Containers 技術開發的，因此採用 Linux 安裝相較支援度或討論度會是最高的。另外大部分的服務和 image 都是基於 Linux 核心開發，因此這會是最好的選擇。

可以使用懶人包安裝，安裝前要注意一下系統是否為 64-bit Linux[3]：

```
sudo curl -fsSL https://get.docker.com/ | sh
```

3 筆者使用 Vagrant 測試過 `ubuntu/trusty64` 與 `debian/jessie64` 兩個作業系統可行；`centos/7` 需手動啟動 docker daemon `sudo systemctl start docker`。

安裝後，root 就可以開始使用 Docker 服務，而使用者只要有加入 `docker` 群組，也可以正常地執行 docker 指令。

```
sudo usermod -aG docker your-user
```

使用 user 執行 docker 指令要注意的是：背後真正做事的 Docker Engine 是由 root 啟動的，因此檔案系統異動的權限會是 root。

Mac 與 Windows 10

可以在 Google 搜尋並參考官方文件下載安裝 Docker Desktop。Mac 也可以使用 Homebrew Cask 安裝（需要權限）：

```
brew cask install docker
```

Docker Desktop 在某一版開始，開始推出了 GUI 操作介面（如圖 1-2），剛開始學習 Docker 的讀者也可以嘗試看看。

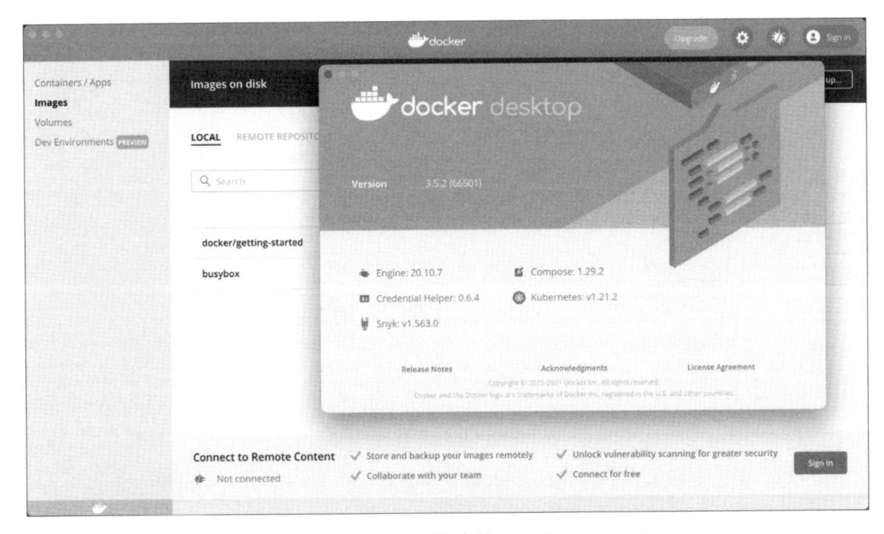

▲ 圖 1-2：MacOS 環境的 Docker Desktop

一開始有提到，container 的特色為共用作業系統核心，因此 Docker Desktop 其實原理其實是使用 VM，因此在網路設定和檔案系統應用上，會與 Linux 環境略有不同，但不影響本書後續的內容。[4]

Docker 支援的平台

不同作業系統還是會有平台上的差異，官網也有提供對應的表格參考（如圖 1-3）。

Desktop

Platform	x86_64 / amd64	arm64 (Apple Silicon)
Docker Desktop for Mac (macOS)	✓	✓
Docker Desktop for Windows	✓	

Server

Docker provides .deb and .rpm packages from the following Linux distributions and architectures:

Platform	x86_64 / amd64	arm64 / aarch64	arm (32-bit)
CentOS	✓	✓	
Debian	✓	✓	✓
Fedora	✓	✓	
Raspbian			✓
Ubuntu	✓	✓	✓

▲ 圖 1-3：Docker 在各平台的支援狀況

4 官方於 2021/8/31 時宣布 Docker Desktop 將會開始採有條件的訂閱收費制，詳情與替代方案可參考 https://dockerbook.tw/docs/alternatives/why

上圖可以發現 Docker 有支援 Apple 最新的 ARM64 CPU Silicon；也有支援樹莓派的 Raspbian + ARM 32 bit。[5]

使用虛擬機

有時候因為某些理由，可能會不想或無法（如 Windows 7）在原生系統上安裝 Docker，這時可以考慮使用虛擬機安裝。

Docker Machine

Docker Machine 是官方提供的 Docker 機器建置工具。如果打算建置虛擬機的話，這會是最適當的方案。

預設可以建置環境的平台（Docker Machine 稱之為 Provider）包括以下選擇：

- VirtualBox
- Hyper-V（Windows only）
- Amazon Web Services[6]

5 重複一個重要的觀念：Container 是應用程式層級的虛擬化。前面有提到作業系統無法模擬，類似地，CPU 也是無法模擬的，因此 x86_64 上建好的 image，不能直接在 ARM 上跑，這是使用上需要注意的。

6 使用雲端服務請注意防火牆要開通 local 機器的連線，Docker 使用 tcp 2376 port 連線，同時不要讓其他人能連到這個 port。

- 還有很多 provider，可以參考官方文件

以 VirtualBox 為例，執行以下指令即可建立一個 Docker 虛擬機器：

```
# 建立 Docker 虛擬機
docker-machine create -d virtualbox my-docker
# 查看機器對應的環境參數
docker-machine env my-docker
# export 環境參數，執行 docker 指令將會連線到此虛擬機上
eval $(docker-machine env my-docker)
```

Vagrant

Vagrant 可以使用指令管理虛擬機，並使用程式碼來表達環境（Infrastructure-as-code，簡稱 IaC）。官方網址如下：

```
https://www.vagrantup.com/
```

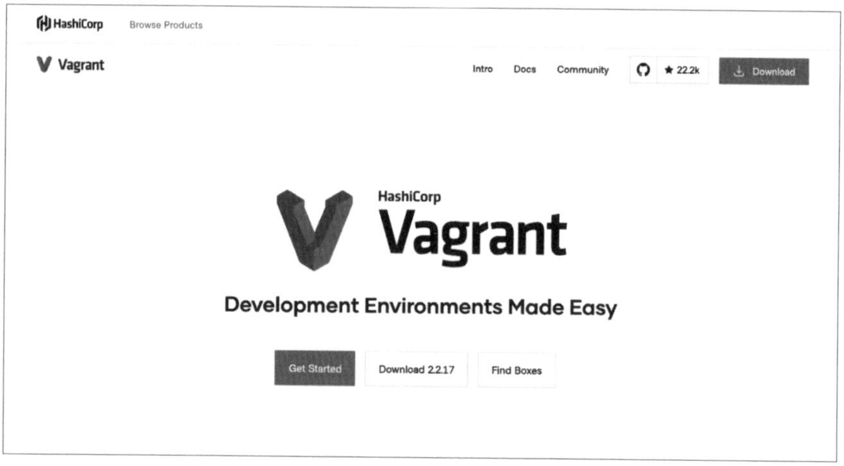

▲ 圖 1-4：Vagrant 首頁

實際的做法為，建立 Vagrantfile 檔案，並將下面的程式放入檔案裡：

```
Vagrant.configure("2") do |config|
  config.vm.box = "ubuntu/xenial64"

  # config.vm.network "forwarded_port", guest: 80, host: 8080
  # config.vm.network "private_network", ip: "192.168.33.10"
  config.vm.provider "virtualbox" do |vb|
    vb.memory = "1024"
  end

  config.vm.provision "shell", inline: <<-SHELL
    curl -fsSL https://get.docker.com/ | sh
    usermod -aG docker vagrant
  SHELL
end
```

CODE 程式碼下載：https://dockerbook.tw/c/1-1/Vagrantfile

再來使用 vagrant up 指令即可得到 Ubuntu trusty 64-bit + Docker CE 的乾淨環境：

```
vagrant up
vagrant ssh
```

Amazon Web Services Cloud9

使用 AWS Cloud9 服務，官方網站如下：

```
https://aws.amazon.com/tw/cloud9/
```

▲ 圖 1-5：AWS Cloud9 官方網站

1. 啟用 Cloud9 服務，設定直接用預設值即可
2. 在 Cloud9 服務，下 `curl ifconfig.co` 指令取得公開 IP
3. 如果想要從 local 連上並測試服務的話，必須到 EC2 服務裡，找到對應的 instance，再設定 security group

Play with Docker

上述方法全部都不行的話，這就是最後一招了：申請 Docker Hub 帳號，即可使用 Play with Docker 服務，網址如下：

```
https://labs.play-with-docker.com/
```

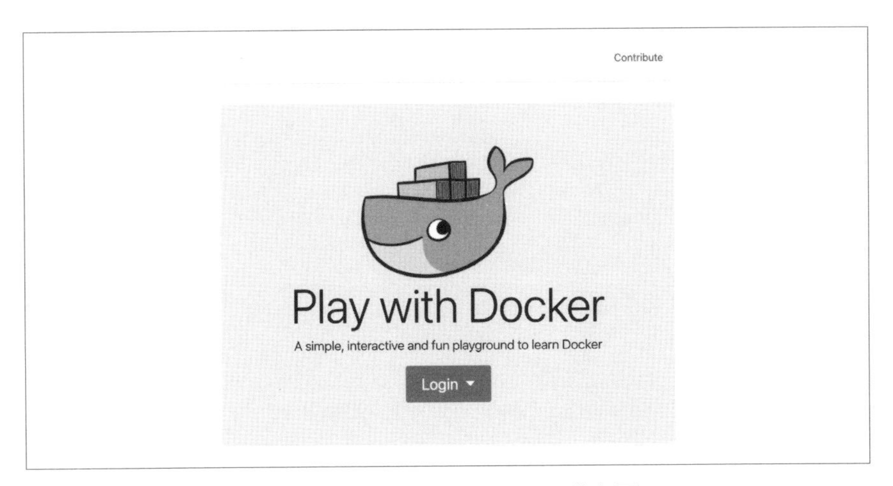

▲ 圖 1-6：Play with Docker 的主頁

它是使用 DinD（Docker in Docker）做成的線上服務，所以會有兩個很明顯的問題：

- 不保證線上服務一直都可以用，所以有時會壞掉
- 因為使用 DinD，所以從本機是無法連上該服務建置出來的服務，不過可以在服務上使用 `curl` 或其他跟連線有關的指令測試

驗證安裝

安裝完成後，打開終端機輸入下面指令，即可驗證是否安裝成功：

```
docker run hello-world
```

若沒出現錯誤訊息，且有出現 `Hello from Docker!` 文字的話，代表 Docker 有正常啟動，可以開始使用 Docker 了！

02

Chapter

哈囉！世界！

本章節開始，會提供執行過程與結果給讀者參考，而內容會有一些 digest（摘要，指密碼學雜湊後的結果）訊息會隨著執行時間點不同而有不同的內容，就如同 Git commit 的 SHA1 值一樣。這點請讀者多多包涵，沒辦法呈現完全一致的內容。

Docker 提供的 hello world 指令除了作為服務驗證外，也是新手第一次執行 container 最簡單的練習：

```
$ docker run hello-world
Unable to find image 'hello-world:latest' locally
latest: Pulling from library/hello-world
b8dfde127a29: Pull complete
Digest: sha256:f2266cbfc127c960fd30e76b7c792dc23b588c0db76233517e189
1a4e357d519
Status: Downloaded newer image for hello-world:latest

Hello from Docker!
This message shows that your installation appears to be working correctly.
（下略）
```

安裝好環境後，第一次執行 `docker run hello-world` 指令，將會出現像上面的結果 ——「當看到這段訊息代表你的安裝應該已經成功了」，恭喜第一次執行 Docker 成功了！

這是一個簡單的測試指令。但實際上 Docker 從執行到顯示訊息並回到命令提示字元，中間做了非常多事情。了解 Docker 在這行指令中做了什麼，就可以了解 Docker 執行 container 的概念。

Docker 架構

Docker 採用了主從式架構（client-server model）。在 Docker 的世界裡，分別稱為 Docker Client 與 Docker Daemon（server）。Docker Client 負責發布命令，Docker Daemon 則是依照命令執行任務，任務講白了其實就是操作下面三個元件：

- 映像檔（image）
- 容器（container）
- 倉庫（registry）

以上述的 Hello Docker 為例，當終端機執行了 `docker run` 指令後，Docker Client 會透過連線通知 Docker Daemon，而由 Docker Daemon 操作這三個元件來完成任務。

Image

Image 是一個抽象概念，它封裝了「執行特定環境所需要的資源」，以便在啟動 container 之後能夠使用。

每個 image 都有獨一無二的 digest，這是從 image 內容做 sha256 產生的，內容只要有異動，sha256 的值就會改變。這個設計能確保 image 的資料一致性，同時也讓 image 具備了不可修改的特性。

雖然 image 裡有必要的資源，但它無法獨立執行，必須要透過啟動 container 間接執行。

Container

基於 image 可以建立出 Container。

它的概念像是建立一個可讀寫內容的外層，蓋在 image 上。實際存取 container 會經過可讀寫層與 image，因此運行 container 時，看到的檔案系統會是兩者合併後的結果。以圖 2-1 的示意圖為例，image 層已有 /bin、/etc 與 /var 等目錄。執行 container 的過程中，新增了兩個目錄或檔案為 /usr/local/app 與 /var/log/app，實際在觀察檔案時，會看到兩者合併的結果，也就是右半邊的目錄示意列表。

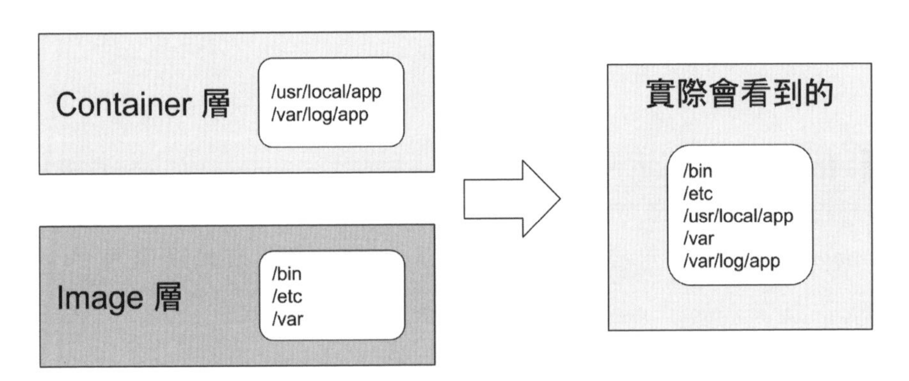

▲ 圖 2-1：Container 與 Image 檔案系統的示意圖

Container 特性跟 image 不一樣，container 可讀寫的，也可以拿來執行。

Registry

Registry 是存放 image 的空間。

Docker 存放 image 的設計方法，很像分散式版本控制。而分散式架構就會有類似 git 的 pull / push 指令與行為，Docker 也有對應的 pull / push 指令，實際做的事也跟 git 類似：跟遠端的 registry 同步。

目前 Docker 預設下載的 registry 為 Docker Hub，大多數程式環境或服務都能在上面找得到 image。

Docker 元件之間的關係

Image、container、repository 之間的關係就像在電腦上安裝光碟遊戲一樣，如早期的世紀帝國或現代的 PlayStation 等。使用光碟片的遊戲，通常都會需要搭配其他可讀寫空間（如硬碟），才有辦法執行。

它們的比較如下：

Docker	光碟遊戲	共同特色
Image	光碟	唯讀且不能獨立執行
Container	電腦主機 + 硬碟	可讀可寫可執行
Registry	遊戲零售商或線上服務等	提供 image 或光碟內容下載

hello world 背後的運作原理

我們再看一次執行驗證指令 `docker run hello-world`。從這個指令 `docker run` 的命名，可以知道有執行程式的意思。由元件說明可以了解，`docker run` 是建立一個 container 並執行；而因為 container 需要基於 image 建立，所以 `docker run` 有個必要的參數是 image 名稱，即 `hello-world`。

實際執行後的內容如下：

```
Unable to find image 'hello-world:latest' locally
latest: Pulling from library/hello-world
0e03bdcc26d7: Pull complete
Digest: sha256:7f0a9f93b4aa3022c3a4c147a449bf11e0941a1fd0bf4a8e6c940
8b2600777c5
Status: Downloaded newer image for hello-world:latest

Hello from Docker!
```

線上觀看範例：

https://dockerbook.tw/d/qr-2-1.gif

▲ 範例 2-1：執行 docker run hello-world 指令

上面截取出現 `Hello from Docker!` 之前的內容。訊息可以分成兩個區塊：

1. 確認 Image 存在

首先先確認 `hello-world` 是否存在於本機的 repository，本機找不到的話，就需要從遠端的 repository 下載 [1]。下面即為在本機找不到 image，並從遠端下載的訊息：

```
Unable to find image 'hello-world:latest' locally
latest: Pulling from library/hello-world
0e03bdcc26d7: Pull complete
Digest: sha256:7f0a9f93b4aa3022c3a4c147a449bf11e0941a1fd0bf4a8e6c940
8b2600777c5
Status: Downloaded newer image for hello-world:latest
```

2. 建立 Container 並執行

確認 image 存在或下載好後，即可建立 container 並執行。

`docker run` 預設的行為是：

1. 前景建立並執行 container
2. 等待執行程式結束（exit）後，會回到前景的命令提示字元
3. 該 container 會被標記成結束狀態

1 Docker 設計 image 名稱會包含 registry 的路徑，若沒有給的話，則預設是 Docker Hub。後續章節會說明如何在不同的 registry 下載 image。

以 hello world 來說，資訊顯示完回到命令提示字元時，即完成了上面三個步驟。其中步驟二在執行過程很明顯，包括顯示訊息與回到命令提示字元；而步驟三所提到的 container 可以使用 `docker ps` 指令查看：

```
docker ps -a
```

線上觀看範例：

https://dockerbook.tw/d/qr-2-2.gif

▲ 範例 2-2：查看目前有哪些 container

執行後的訊息如下：

```
CONTAINER ID        IMAGE               COMMAND                CREATED
STATUS                      PORTS               NAMES
  6d7e00198a56        hello-world         "/
hello"          12 seconds ago      Exited (0) 11 seconds ago
relaxed_bhabha
```

`docker ps` 可以看 container 的概況，除了列出有哪些 container 外，也有其他欄位了解 container 相關資訊。

首先可以注意到 `STATUS` 欄位狀態為 `Exited (0)`，括號內的數字為程式結束後回傳的狀態碼，通常 0 為正常結束，非 0 則是有錯誤。最開頭的 `CONTAINER ID` 是 container digest，與最後的 `NAMES`

都是獨一無二的，可以多執行幾次 `docker run`，就能看到很多不一樣名字的 container digest 與 name。

> LINK NAMES 預設是亂數組合，為形容詞加上知名科學家或駭客的人名組合，可以參考原始碼：https://github.com/docker/docker-ce/blob/v19.03.15/components/engine/pkg/namesgenerator/names-generator.go

移除 Container

若一直不斷執行 `docker run hello-world` 的話，就會造成 container 數量不斷成長。雖然使用容量不多，但在管理上多少會造成困擾。

最簡單的方法是，沒有要再用的 container 就移除它。以上面的範例為例，移除 container 的指令如下：

```
# 使用 CONTAINER ID
docker rm 6d7e00198a56
# 使用 NAMES 也可以
# docker rm relaxed_bhabha

# 移除完使用 docker ps 再檢查一次
docker ps -a
```

線上觀看範例：

https://dockerbook.tw/d/qr-2-3.gif

▲ 範例 2-3：移除 container

`docker rm` 是移除 container 的指令，只要 container 不是處於 `Up` 正在執行中的狀態，即可使用 `docker rm` 移除。

不使用 docker run 指令

前面從執行 Hello Docker 的過程中，了解 `docker run` 如何一條龍操作 Docker 的三個基本元件。以下示範如何「不」使用 `docker run` 來達成 `docker run` 的任務，這裡改使用 BusyBox image[2] 來做示範。

筆者將執行 container 任務拆解成四個步驟如下：

1. 下載 image
2. 建立 container
3. 執行 container
4. 停止 container

2 BusyBox 是一個 Linux 指令工具包，它執行後會進到 container 的命令提示字元裡，接著就能使用 BusyBox 所提供的 Linux 指令。

下載 image

原先的 `docker run` 第一步是會確認 image 是否存在，這裡可以使用 `docker images` 指令來查看本機的 image，接著使用 `docker pull` 指令下載 image：

```
# 查看本機 image
docker images busybox

# 下載 image
docker pull busybox
```

線上觀看範例：
https://dockerbook.tw/d/qr-2-4.gif

▲ 範例 2-4：下載 image

當執行 `docker images busybox` 出現空列表，代表 host 沒有對應的 image，這個狀況下會需要下載。如果 image 存在，則會跳到建立 container 步驟。下載完成後，可以用一開始的指令 `docker images busybox` 再次確認是否有下載成功。

如果想確認這個 image 是否可以下載，可以上 Docker Hub 找，或使用 `docker search` 指令查詢：

```
$ docker search busybox
NAME                                DESCRIPTION
STARS                  OFFICIAL                AUTOMATED
busybox                             Busybox base image.
1986                   [OK]
...
```

這裡有個欄位 `OFFICIAL` 標示 OK，代表這個 image 是官方出品有掛保證的。通常會建議使用官方的 image，相較穩定可靠。

移除 image

若下載的 image 已用不到，如 `hello-world`，可以使用 `docker rmi` 移除：

```
$ docker rmi hello-world
Untagged: hello-world:latest
Untagged: hello-world@sha256:7f0a9f93b4aa3022c3a4c147a449bf11e0941a1
fd0bf4a8e6c9408b2600777c5
Deleted: sha256:bf756fb1ae65adf866bd8c456593cd24beb6a0a061dedf42b26a
993176745f6b
Deleted: sha256:9c27e219663c25e0f28493790cc0b88bc973ba3b1686355f221c
38a36978ac63
```

`docker rmi` 有可能會因為 container 未移除導致 image 移除失敗，先把對應的 container 移除，再執行 `docker rmi` 即可：

```
$ docker rmi hello-world
Error response from daemon: conflict: unable to remove repository
```

```
reference "hello-world" (must force) - container 7aa21315f7ca is
using its referenced image bf756fb1ae65
$ docker rm 7aa21315f7ca
7aa21315f7ca
$ docker rmi hello-world
```

image 間如果有依賴關係，也有可能會無法正常移除，與 container 狀況類似，將對應依賴的 image 移除即可。

建立 container

確認 BusyBox image 下載好後，接著使用建立 container 的指令 `docker create`，實際執行範例如下：

```
# 建立 container
docker create -i -t --name foo busybox

# 使用 docker ps 確認 container 狀態
docker ps -a
```

線上觀看範例：

https://dockerbook.tw/d/qr-2-5.gif

▲ 範例 2-5：手動建立 container

說明 `docker create` 指令的選項與參數：

- `-i -t` 當需要跟 container 的應用程式互動時，會需要加入這兩個參數。互動是指像 `git add -i` 會跟使用者一問一答的過程
- `--name` 可以幫 container 命名，這個名字會在 `docker ps` 列表的 `NAMES` 欄位出現。必須唯一，若撞名則 container 會創建失敗
- 選項最後第一個參數為 image 名稱，本例為 `busybox`

下 `docker create` 後會顯示一個 digest，這與 `docker ps` 列表裡的 `CONTAINER ID` 相同。另外可以注意到這次 ps 看到的 `STATUS` 不一樣，是 `Created`，代表 container 剛創建完成。

執行 container

執行 container 使用 `docker start` 指令：

```
# 執行 container，'foo' 是前一節創建 container 指定的名字。
docker start -i foo

# container 內執行 Linux 指令
whoami
ls
```

線上觀看範例：

https://dockerbook.tw/d/qr-2-6.gif

▲ 範例 2-6：執行 container

範例的執行過程中，有出現兩個不一樣的命令提示字元，一開始出現的是筆者 host 的 Mac，提示字元是有客製化過的；後來出現的是 `/ #`，這是 container 裡執行 shell 的提示字元，當下的狀態已經在 container 的世界裡了。在這個命令提示字元下指令，都會被 container 定義的環境所限制，包括網路或檔案等。

比方說，在 container 執行 `whoami` 得到的結果，會是在建立 container 時，指定的使用者。本範例並沒有特別指定使用者，所以是 BusyBox 預設的 root。而像 `ls` 的示範則是看到 container 裡的檔案系統。因為這些特性，讓 container 能做到類似 VM 的效果。

執行 BusyBox 的過程中，以 Mac 環境來說，可以使用 `Ctrl + P` 與 `Ctrl + Q` 的兩段式的組合鍵來達成「離開 container」—— detach 的效果。離開後可以使用 `docker ps` 回來觀察 container 保留執行中的狀態。而在 container 還是 `Up` 的時候，可以使用 `docker attach` 再讓 container 的應用程式回到前景：

```
# 使用 docker ps 可以觀察到狀態是 'Up'，正常運行中。
docker ps

# 將 container 的應用程式回到前景
docker attach foo
```

停止 container

停止 BusyBox container 有兩種方法，一種是在 container 裡下結束的指令 `exit`：

線上觀看範例：

https://dockerbook.tw/d/qr-2-7.gif

▲ 範例 2-7：停止 container 方法一

另一種則是使用 `docker stop` 指令：

```
docker stop foo
```

線上觀看範例：

https://dockerbook.tw/d/qr-2-8.gif

▲ 範例 2-8：停止 container 方法二

注意這兩種方法的結果是不一樣的，主要是 `Exited` 後面的狀態碼不同，第一個方法是 0，代表正常結束。它使用正常流程 `exit` 指令結束 shell。

第二個方法使用 `docker stop` 會發送 `SIGTERM` 信號給 container 的主程序，等同於呼叫對主程序下 `kill -15` 指令一樣，是要求 process 結束。但因 process 結束遇到問題，因此才會出現不正常結束的狀態碼。

最後，使用 `docker rm` 指令移除 container 後，一切就會恢復成一開始還沒建 container 的狀態：

```
docker rm foo
```

以上詳細說明了 image 下載與移除的過程，以及 container 的生命週期。圖 2-2 為官方網站提供的架構圖，若以上內容搭配架構圖實際跟著執行一次後，應該就會對整個流程更有感覺。

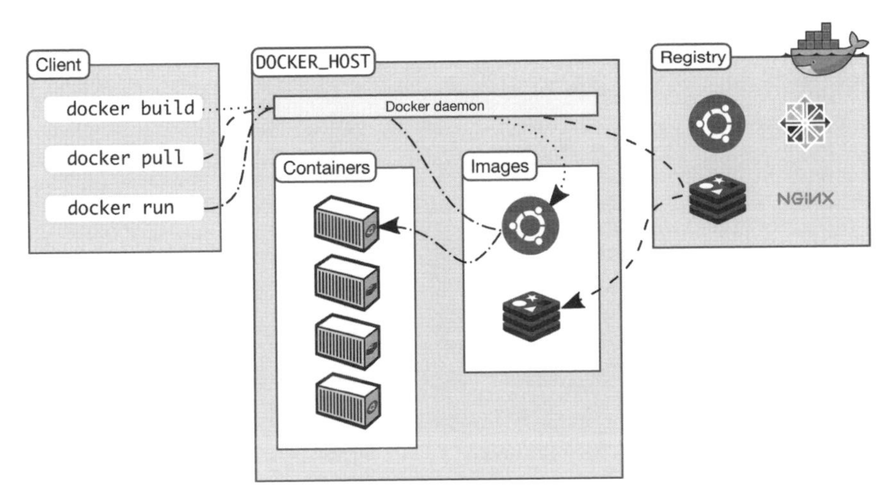

▲ 圖 2-2：官方網站提供的架構圖，圖片來源 https://docs.docker.com/

最後小小的總結：`docker run` 可以由多個指令組合達成一樣的結果，它們的關係如下：

```
docker run = docker pull + docker create + docker start
```

建議讀者多了解本章節的內容，因為不管是使用哪個 image，都會走過本章節說明的流程。唯有熟悉整個流程，才有辦法在發生問題的時候，知道是哪個環節出錯與解決對應的問題。

03

Chapter

使用 Docker 的指令建置環境

`docker run` 可以執行 Docker 包裝好的應用程式，但通常執行應用程式都會需要做一些設定與資源配置，如檔案系統或網路服務等，本章節將會說明該如何調整這些設定。

Container 管理小技巧

在開始之前，先介紹一些小技巧，這裡使用知名的 HTTP server 服務 —— Apache 做為範例。

自動移除 container

首先，先使用 `docker run` 啟動 container。

```
# Apache 的 image 名稱叫 httpd
docker run --name web httpd

# 停止 Apache 後，移除已停止的 container
docker ps -a
docker rm web
```

線上觀看範例：

https://dockerbook.tw/d/qr-3-1.gif

▲ 範例 3-1：停止 container 後並手動移除

這三個指令的說明如下：

1. Apache 執行時，會停在前景等待收 request
2. 若要中止它，可以按 `Ctrl + C` 快捷鍵強制中離[1]
3. 程式停止了，但 container 還存在，不需要的話得手動移除

通常練習或測試的 container 都不需要保留，每次手動移除也很麻煩，這時可以在啟動的時候使用參數 `--rm`，範例如下：

```
# 加帶 --rm 參數
docker run --rm --name web httpd

# 檢查是否移除
docker ps -a
```

線上觀看範例：

https://dockerbook.tw/d/qr-3-2.gif

▲ 範例 3-2：使用 --rm 參數讓 Docker 自動移除 container

1 從訊息可以觀察到 `Ctrl + C` 跟 `docker stop` 一樣是發出 `SIGTERM` 信號給 process。

`--rm` 選項的功能是，當 container 的狀態變成 `Exited` 時，會自動把這個 container 移除，在練習或測試的時候非常方便。

> TIPS 筆者個人經驗是，幾乎每個 container 都保留不久，所以通常都會加 `--rm` 參數。

背景執行 container

前景執行 Apache 的時候，按下 `Ctrl + P` 與 `Ctrl + Q`，會發現一點用都沒有。但又希望它能夠背景執行，這時可以使用另一個參數 `--detach` 或 `-d`，範例如下：

```
# 執行完會馬上回到 host 上
docker run -d httpd

# 觀察 container 是否在運作中
docker ps
```

線上觀看範例：

https://dockerbook.tw/d/qr-3-3.gif

▲ 範例 3-3：使用 -d 參數讓 container 在背景執行

執行完 `docker run` 會回 `CONTAINER ID` 並回到原本的命令提示字元，這時再觀察 `docker ps` 會看到對應的 container 是運作中的狀態。這會適用在需要執行一個長時間運行的 server（如，資料庫服務）。

強制移除 container

在說明 `docker rm` 的時候有提到，container 的狀態不是 `Up` 才能移除。除了使用 `docker stop` 停止 container 後再使用 `docker rm` 外，也可以使用 `docker rm` 的 `-f` 參數強制移除 container：

```
# 執行完會馬上回到 host 上
docker run -d --name web httpd

# 確認正在執行中
docker ps

# 因 container 還在運作中，所以直接 rm 會出現錯誤訊息
docker rm web

# 注意 rm -f 是發出與 docker kill 相同的 SIGKILL 信號，而不是 docker
stop 的 SIGTERM
docker rm -f web
```

線上觀看範例：

https://dockerbook.tw/d/qr-3-4.gif

▲ 範例 3-4：使用 -f 參數強制移除 container

背景執行 container 時，一樣可以加 `--rm` 選項可以讓它結束後自動移除，但得先用 `docker stop` 停止 container 才會觸發移除，那倒不如使用 `docker rm -f` 指令還比較直接一點。

> **TIPS** 筆者個人習慣是不同時啟用 `--rm` 和 `-d` 這兩個選項，若只是實驗一下，執行完就離開會用 `--rm`，若是要一直執行不停止的話才會用 `-d`。

使用 port forwarding 開放服務

講完了小技巧後，開始說明範例：利用 Docker 啟動 HTTP server，並讓瀏覽器能看得到 HTTP server 所提供的預設頁面。先在背景啟動 container：

```
# 背景啟動 Apache
docker run -d httpd

# 確認 PORTS
docker ps

# curl 試試 HTTP 服務，也可以用瀏覽器測試
curl http://localhost/
```

線上觀看範例：

https://dockerbook.tw/d/qr-3-5.gif

▲ 範例 3-5：啟動 Apache 並存取服務

失敗了？為什麼呢？首先來看看 `docker ps` 裡面有個欄位是 PORTS，上面寫著 `80/tcp`，看起來可以透過 host 的 80 port 來存取 HTTP server。但實際上用 curl 會回應連線被拒絕，這代表從 host 連到 container 的方法有問題。

說明解法前，先來實驗看看連續啟動很多個 container 會發生什麼事？

```
docker run -d httpd
docker run -d httpd
docker run -d httpd

# 查看 container
docker ps
```

線上觀看範例：

https://dockerbook.tw/d/qr-3-6.gif

▲ 範例 3-6：啟動多個 Apache container 並查看服務狀態

從 `docker ps` 可以觀察到，所有 port 都是 `80/tcp`，但奇妙的是，全部 container 都沒有遇到 port 衝突。從這個範例結果可以了解 container 具有隔離特性，每個 container 都是獨立的個體，它們各自有屬於自己的 80 port 可以用，因此才不會相衝。

但，本小節的目標是希望它不要當一個邊緣的 container，而是要讓外界能夠存取它，因此要做點手腳才行 —— 正是此小節提到的 port forwarding。Docker 使用 `--publish` 或 `-p` 選項設定 port forwarding，範例如下：

```
# 加上 -p 參數
docker run -d -p 8080:80 httpd

# 確認 port 有被開出來了
curl http://localhost:8080/
```

線上觀看範例：

https://dockerbook.tw/d/qr-3-7.gif

▲ 範例 3-7：啟動 Apache 並將 port 開出來給外界存取

`-p` 後面參數 `8080:80` 的意思代表：當連線到 host 的 8080 port 會轉接到 container 的 80 port。以上面的指令為例，只要輸入 `http://localhost:8080/` 即可轉接到 container 所開啟的 `80/tcp` port。

下面是簡單示意圖（如圖 3-1）：

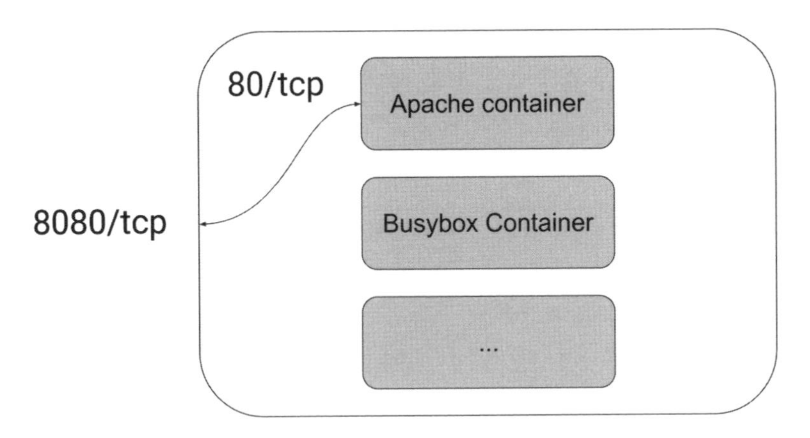

▲ 圖 3-1：Port forwarding 示意圖

Container 啟動完後，8080 是被綁定在 host 上的，因此只要有另一個服務綁 8080 在 host 上的話，就會出現錯誤訊息 `port is already allocated.`：

```
docker run -d -p 8080:80 httpd
docker run -d -p 8080:80 httpd
```

線上觀看範例：

https://dockerbook.tw/d/qr-3-8.gif

▲ 範例 3-8：port 重覆綁定而出現錯誤訊息

此小節的 port forwarding 功能，可以應用在任何有開 port 的 server，如：MySQL、Redis、Memcached、或是自己寫的服務等。

使用 Volume 同步檔案

綜合前面所提到的指令，下面是背景開啟 container 並使用 curl 指令存取預設頁面的方法：

```
$ docker run -d --name web -p 8080:80 httpd
c30dfb2d3261170cd3fc4ed012e8ac441261292b13b95c1f203b8b0b4138d75f
$ curl http://localhost:8080/
<html><body><h1>It works!</h1></body></html>
```

Server 開好了，但如果 server 的內容不能依需求修改的話，那這個 container 就只是拿來玩玩而已。因此現在有了新的目標 —— 修改裡面的程式。

可以使用 `docker exec` 加上 shell 指令進入 container：

```
# 啟動 Apache
docker run -d --name web -p 8080:80 httpd

# 確認 container 正在執行中
docker ps

# 使用 exec 進入 container
docker exec -it web bash

# 找出 Apache 回 curl 的 HTML
cat htdocs/index.html
```

線上觀看範例：

https://dockerbook.tw/d/qr-3-9.gif

▲ 範例 3-9：進入 container 確認程式內容

`docker exec` 能在運行中的 container 上，再執行一個新的指令。參數為上例的 `CONTAINER ID` 與啟動 shell 的指令 `bash`，執行的結果會出現新的命令提示字元，這個狀態即是進入 container 的世界裡了，在裡面可以找得到 curl 指令取得的 HTML 原始文件。

只要修改這個檔案，即可讓 curl 獲得修改後的檔案。

```
# 使用 exec 進入 container
docker exec -it web bash

# 使用新的內容取代 index.html 並離開 container
echo Hello volume > htdocs/index.html && exit

# 離開並測試
curl http://localhost:8080/
```

線上觀看範例：

https://dockerbook.tw/d/qr-3-10.gif

▲ 範例 3-10：修改 container 裡的程式

執行上面的範例後，我們成功修改 `index.html` 的內容了。

但先別開心，我們把 container 移除，然後用 `docker run` 跑一個新的 container 看看：

```
# 確認內容
curl http://localhost:8080/

# 移除 container
docker rm -f web

# 再啟動一次
docker run -d --name web -p 8080:80 httpd

# 確認內容
curl http://localhost:8080/
```

線上觀看範例：

https://dockerbook.tw/d/qr-3-11.gif

▲ 範例 3-11：重新啟動 container 再確認一次

這個實驗會發現，`It works!` 又回來了？

原因很簡單，在介紹 port forwarding 的時候，有提到隔離特性，也有提到每個 container 都是各自獨立的，所以剛剛被移除的 container 與後來建立的 container 是不同的，這代表使用 `docker run` 指令產生的 container，每次都會是全新跟重灌好一樣。

使用 Bind Mount

只要開新的 container 就會被砍掉重練，那該如何讓我們寫好的程式出現在 container 裡面呢？方法有很多種，以下說明馬上就能使用的 Bind Mount。

Bind Mount 的概念很簡單，它可以把 host 的某個目錄或檔案，綁定在 container 裡的某個目錄或檔案。比方說把目前開發的程式，綁在 container 的 `/source`，進去 container 後，就能在它的 `/source` 裡看到 host 的檔案。

綁定使用 `-v` 選項，下面範例是把目前目錄綁定在 Apache container 的 `/usr/local/apache2/htdocs` 目錄下：

```
# 執行 container
docker run -d -it -v `pwd`:/usr/local/apache2/htdocs -p 8080:80 httpd

# 測試對應路徑
curl http://localhost:8080/test.html
```

這個方法即可在每次產生新 container 的時候，都能在 container 裡拿到 host 當下目錄的檔案。目錄預設會是雙向同步，也就是 container 或 host 修改內容會彼此同步。

> **LINK** 如果是使用 Mac 系統的話，這個方法執行效能會比較差一點，詳細可參考 Docker 官方文件說明：https://docs.docker.com/docker-for-mac/

使用 Network 連結 container

有了 Docker 後，開 server 變得容易許多。但實務上的網路架構，通常是多層式的，如三層式架構（Three-Tier）需要 Application Server 與 RDBMS 兩種 server 連結起來，才能提供完整的服務。

觀察 container log

下面這個範例跟 port forwarding 的指令很像，不一樣的地方是把 `-d` 改成 `--rm -it`。後面的範例會使用兩個終端機來觀察 container 的 log，以了解兩邊是如何互動的。

```
# Terminal 1
docker run --rm -it --name web -p 8080:80 httpd

# Terminal 2
curl http://localhost:8080/
```

線上觀看範例：

https://dockerbook.tw/d/qr-3-12.gif

▲ 範例 3-12：觀察 container 的 log

筆者通常會使用這個方法來測試 image 功能，測完關閉就會自動移除。而當需要 `-d` 時，則會改用 `docker logs` 指令來觀察 log：

```
# Terminal 1
docker run -d -it --name web -p 8080:80 httpd

# 加 --follow 或 -f 選項後，container log 只要有更新，畫面就會更新
docker logs -f web

# Terminal 2
curl http://localhost:8080/
```

線上觀看範例：

https://dockerbook.tw/d/qr-3-13.gif

▲ 範例 3-13：使用 docker logs 指令觀查 log

這兩個小技巧都可以用來觀察 container 內部運作的狀況，可以視情況運用。

連結 container

想把 container 連結在一起有兩種做法：使用 `--link` 參數，或是使用 Network 元件。

使用 `--link` 參數可以讓 container 透過 NAMES 來認識另一個 container：

```
# wget 為 curl 的替代指令
docker run --rm busybox wget -q -O - http://web/

# 比較一下，沒加 link 與有加 link 的差別
docker run --rm --link web busybox wget -q -O - http://web/

# 使用別名
docker run --rm --link web:alias busybox wget -q -O - http://alias/
```

線上觀看範例：
https://dockerbook.tw/d/qr-3-14.gif

▲ 範例 3-14：使用 --link 參數連結 container

這個範例裡，先說明指令的用法：`docker run` 可以在 `IMAGE` 的後面加上想在 image 裡執行的指令為何，如：

```
# BusyBox 裡面執行其他指令
docker run --rm busybox whoami
```

```
docker run --rm busybox ls
docker run --rm busybox wget -q -O - http://web/

# BusyBox 預設為執行 sh，因此下面兩個指令結果相同
docker run --rm busybox
docker run --rm busybox sh
```

接著來看範例在 container 裡執行的指令：

執行 BusyBox 的 `wget -q -O - http://web/` 的 `web` 對應的是啟動 Apache container 的 `--name web` 設定。另外，必須要使用 container 內部的 port（本例是 80）呼叫。

`--link` 選項的用法：`web:alias` 左邊是 container name，右邊是別名。設定完後，使用 `web` 和 `alias` 都會有效。

使用 Network

這是官方建議的做法。

使用 Network 建立一個虛擬網路，container 在這個網路裡就可以使用 container name 或 hostname 互相連結。

```
# 建立 network
docker network create my-net

# Terminal 1 啟動 Apache
docker run --rm --name web -p 8080:80 --network my-net httpd
```

```
# Terminal 2 透過 BusyBox 連結 Apache
docker run --rm --network my-net busybox wget -q -O - web
```

線上觀看範例：
https://dockerbook.tw/d/qr-3-15.gif

▲ 範例 3-15：使用 network 連結 container

`docker network` 是操作 Network 元件的主要指令，其中有個子指令為 `create` 為建立虛擬網路。跟一般在規劃虛擬網路一樣，它可以設定連線模式、IP range、gateway 參數等。建立的時候需要給一個唯一的名稱，本例是用 `my-net`。

建好後，在 `docker run` 的時候可以加上 `--network` 選項來指定使用哪一個虛擬網路。當兩個 container 處於相同的虛擬網路時，就能互相使用 container name 找到對方了。

`--link` 的問題

`--link` 在語意上清楚，但有個問題目前無解，會建議讀者以使用 Network 為主。下面這個範例是想從先建立的 main container 連到後建立 sub container：

```
# Terminal 1 啟動 main container
docker run --rm -it --name main busybox
```

```
# Terminal 2 啟動 sub container
docker run --rm -it --name sub --link main busybox

# Terminal 2 ping main
ping main

# Terminal 1 ping sub
ping sub
```

線上觀看範例：

https://dockerbook.tw/d/qr-3-16.gif

▲ 範例 3-16：使用 network 連結 container

從這個範例裡可以發現，link 的用法有先後順序之分，也就是被 link 的會不知道誰 link 它，所以 link 無法做到雙向連結或循環連結。

使用 environment 控制環境變數

有時候，我們會希望使用同個 image 開啟多個 container，而且每個 container 都要能夠使用不同的 DB 連線設定。當然這可以透過 volume 共享設定檔解決，但如果今天要管理上百個 container 與上百份設定，volume 的做法反而會變得很難管理。

這時有另一個選擇是使用 `--environment` 或 `-e` 選項，用法很簡單，直接給 `key=value` 即可，它會設定到 container 的環境變數裡。

```
# 查看原本的 env
docker run --rm busybox env

# 給 env 設定後再看 env 的內容
docker run --rm -e DB_HOST=mysql busybox env
```

線上觀看範例：

https://dockerbook.tw/d/qr-3-17.gif

▲ 範例 3-17：在 container 查看 env 設定

不同的程式語言使用有不同的方法取得環境變數，下面是使用 PHP 與 node.js 的例子。

```
# PHP
docker run --rm php -r "echo getenv('DB_HOST');"
docker run --rm -e DB_HOST=mysql php -r "echo getenv('DB_HOST');"

# node.js
docker run --rm node node -e "console.log(process.env.DB_HOST)"
docker run --rm -e DB_HOST=mysql node node -e "console.log(process.
env.DB_HOST)"
```

線上觀看範例：

https://dockerbook.tw/d/qr-3-18.gif

▲ 範例 3-18：使用不同語言取得環境變數

如何應用 environment ？

以 Docker Hub 上的 Percona 做範例，文件裡面有提到很多 environment 可以搭配實際運行的需求做設定。

首先先示範 `MYSQL_ROOT_PASSWORD`，它會在 Percona 啟動的時候設定 root 帳號的密碼：

```
# Terminal 1
docker run --rm -it --name db -e MYSQL_ROOT_PASSWORD=pass percona

# Terminal 2
docker run --rm -it --link db percona mysql -hdb -uroot -ppass

# MySQL 指令
show databases;
```

線上觀看範例：

https://dockerbook.tw/d/qr-3-19.gif

▲ 範例 3-19：Percona 使用 MYSQL_ROOT_PASSWORD 環境變數

`MYSQL_DATABASE` 則是啟動後建立對應名稱的資料庫，注意 client 最後執行 `show databases;` 後，會看到多一個資料庫叫 `some`：

```
# Terminal 1
docker run --rm -it --name db -e MYSQL_ROOT_PASSWORD=pass -e MYSQL_
DATABASE=some percona

# Terminal 2
docker run --rm -it --link db percona mysql -hdb -uroot -ppass

# MySQL 指令
show databases;
```

線上觀看範例：
https://dockerbook.tw/d/qr-3-20.gif

▲ 範例 3-20：利用環境變數建立預設的 database

`MYSQL_USER` 和 `MYSQL_PASSWORD` 可以設定 root 以外的新帳號和密碼，同時給予 `MYSQL_DATABASE` 所有存取權限。

這裡的範例可以注意到 client 指令使用的帳號密碼跟剛才不一樣。

```
# Terminal 1
docker run --rm -it --name db -e MYSQL_RANDOM_ROOT_PASSWORD=yes -e
MYSQL_USER=miles -e MYSQL_PASSWORD=chou -e MYSQL_DATABASE=some percona

# Terminal 2
```

```
docker run --rm -it --link db percona mysql -hdb -umiles -pchou

# MySQL 指令
show databases;
```

線上觀看範例：

https://dockerbook.tw/d/qr-3-21.gif

▲ 範例 3-21：利用環境變數建立預設的 database

最後的範例，使用 phpMyAdmin 連結 Percona 資料庫：

```
# Terminal 1，使用 MYSQL_ROOT_PASSWORD 與 MYSQL_DATABASE
docker run --rm -it --name db -e MYSQL_ROOT_PASSWORD=pass -e MYSQL_
DATABASE=some percona

# Terminal 2
docker run --rm -it --link db -p 8080:80 phpmyadmin
```

線上觀看範例：

https://dockerbook.tw/d/qr-3-22.gif

▲ 範例 3-22：使用 phpmyadmin 連結 Percona

這個範例同時應用了連結 container 與環境變數功能，讓 host 能透過 phpMyAdmin 管理資料庫。

Note

04

Chapter

Container 實務應用

前一章介紹 `docker run` 幾個常用的選項和參數，也做了一些簡單的範例。本章將以情境的方式，介紹如何應用 `docker run` 指令完成任務。

連接資料庫

使用 container 連線資料庫，如：

```
docker run --rm -it percona mysql -h10.10.10.10 -umiles -pchou
```

筆者曾遇過在連線資料庫的時候，遇到版本不相容的問題，所以有做過下面的測試：

```
# 換用其他 fork 的 client
docker run --rm -it mysql mysql -h10.10.10.10 -umiles -pchou
docker run --rm -it mariadb mysql -h10.10.10.10 -umiles -pchou

# 換用其他版本
docker run --rm -it percona:5.6 mysql -h10.10.10.10 -umiles -pchou
docker run --rm -it percona:5.7 mysql -h10.10.10.10 -umiles -pchou
```

最終成功地完成測試了。如果要在本機安裝多個版本會是困難的，相較使用具隔離性的 Docker container 測試起來就非常容易。

Redis 也可以用一樣的方法：

```
docker run --rm -it redis redis-cli -h10.10.10.10
docker run --rm -it redis:4 redis-cli -h10.10.10.10
docker run --rm -it redis:3 redis-cli -h10.10.10.10
```

資料庫 server 端

開發階段在測試的時候，最怕遇到多人共用資料庫的情境，因為會互相傷害影響測試結果。最好的方法還是人人自備資料庫，自己的資料自己建。

但像筆者對機器管理不熟悉，就算照著網路教學自己建好資料庫，但遇到問題或開不起來，也只能重灌治萬病，這樣做的風險也很高。

Docker 在這種情境下，會是個非常好用的工具。container 砍掉重練的效果就等於重灌，而且常見的 image 幾乎都找得到，一個 `docker pull` 指令就搞定了，連學習安裝過程和踩雷的時間都可以省下來。配合 `-p` 選項把 port 開放出去，那就跟在本機安裝 server 幾乎完全一樣，非常方便。

```
docker run --rm -it -p 3306:3306 -e MYSQL_ROOT_PASSWORD=pass mysql
docker run --rm -it -p 5432:5432 -e POSTGRES_PASSWORD=pass postgres
docker run --rm -it -p 6379:6379 redis
docker run --rm -it -p 11211:11211 memcached
```

指令借我用一下

筆者主要語言為 PHP，建置環境時，偶爾會需要用到 node.js。因為極少用到 node.js，所以不想額外安裝 nvm 等相關套件，但要用的當下又很麻煩，這有什麼方法能解決呢？

Docker 提供了滿滿的大平台，只要透過下面這個 `docker run` 指令，即可達成「不安裝工具還要能使用工具」的任性需求：

```
docker run --rm -it -v $PWD:/source -w /source node:14-alpine npm -v
```

線上觀看範例：

https://dockerbook.tw/d/qr-4-1.gif

▲ 範例 4-1：透過 docker 執行指令

來分解並複習一下這些選項與參數的用途：

1. `--rm` 執行完後移除。當要使用功能的時候開 container，功能處理完後移除 container
2. `-it` 通常需要跟 container 互動，因此會加這個選項
3. `-v $PWD:/source` 把 host 目錄綁定到 container，`$PWD` 為執行指令時的當下目錄，`/source` 則是 container 裡的絕對路徑
4. `-w /source` 是進去 container 時，預設會在哪個路徑下執行指令
5. `node:14-alpine` image 名稱，這裡用了 Alpine 輕薄短小版
6. `npm -v` 在 container 執行的指令，可以視需求換成其他指令

步驟有點複雜，有個方法是將它拆解成「進 container」與「container 裡執行指令」兩個步驟執行。在不清楚 container 發生什麼事的時候，拆解指令是個非常好用的方法；相反地，已經了解 container 運作過程的話，合併指令則是方便又直接，讀者可視情況運用。

```
# 先查看目前檔案列表
ls -l

# 使用 shell
docker run --rm -it -v $PWD:/source -w /source node:14-alpine sh

# 進入 container 執行指令
```

```
npm -v

# 進入做其他事看看
npm init

# 離開 container 看看，多了一個 packages.json 檔案
ls -l
```

線上觀看範例：

https://dockerbook.tw/d/qr-4-2.gif

▲ 範例 4-2：分解指令流程

上面這個範例可以看到，因為有做 bind mount，所以指令在 container 做的事情會同步回 host。簡單來說即：Host 沒有安裝指令也不打緊，用 Docker 啟動 container 幫忙執行後，再把結果透過 bind mount 傳回給 host。

接著拿上面產生的 `packages.json` 來做一個正式的範例：

```
# 確認內容
cat packages.json

# 安裝套件
docker run --rm -it -v $PWD:/source -w /source node:14-alpine npm install

# 確認產生的檔案
```

```
ls -l

# 再執行一次觀察差異
docker run --rm -it -v $PWD:/source -w /source node:14-alpine npm install
```

線上觀看範例：

https://dockerbook.tw/d/qr-4-3.gif

▲ 範例 4-3：實驗指令

這個範例主要可以觀察到兩件事：

1. 第一次執行 `docker run` 時，因為沒有 `packages-lock.json`，所以 npm 有產生這個檔案，`ls -l` 也有看到
2. 第二次執行 `docker run` 時，已經有 `packages-lock.json` 了，所以 npm 做的事跟第一次不一樣

上面這個 `docker run` 指令即可安裝 `packages.json` 所需套件。

可以再懶一點

每次打落落長的指令也很逼人，有個簡單的解決方案 —— 設定 alias。

```
# 確認無法使用 npm
npm -v
```

```
# 設定 alias
alias npm="docker run -it --rm -v \$PWD:/source -w /source node:14-alpine npm"

# 確認可以透過 docker run 使用 npm
npm -v
```

線上觀看範例：

https://dockerbook.tw/d/qr-4-4.gif

▲ 範例 4-4：加上 alias

設定好後，打 `npm` 就等於打了長長一串 `docker run` 指令了。到這裡讀者也能感受到，最後用起來的感覺會跟平常使用 `npm` 一模一樣，幾乎可以取代安裝工具。

類似的概念可以做到非常多工具上，下面是筆者目前實驗過可行的。

```
# 使用 Composer
alias composer="docker run -it --rm -v \$PWD:/source -w /source composer:1.10"

# 使用 npm
alias npm="docker run -it --rm -v \$PWD:/source -w /source node:14-alpine npm"
```

```
# 使用 Gradle
alias gradle="docker run -it --rm -v \$PWD:/source -w /source
gradle:6.6 gradle"

# 使用 Maven
alias mvn="docker run -it --rm -v \$PWD:/source -w /source
maven:3.6-alpine mvn"

# 使用 pip
alias pip="docker run -it --rm -v \$PWD:/source -w /source
python:3.8-alpine pip"

# 使用 Go
alias go="docker run -it --rm -v \$PWD:/source -w /source
golang:1.15-alpine go"

# 使用 Mix
alias mix="docker run -it --rm -v \$PWD:/source -w /source
elixir:1.10-alpine mix"
```

CODE 程式碼下載：https://dockerbook.tw/c/4-1/aliases.sh

最後筆者要提醒一個重點：這個範例主要是想讓讀者知道 Docker 可以如何應用。實務上，跟安裝好工具的使用經驗還是有所差別的。

路徑差異

因工作目錄是設定 `-w /source`，也許會因專案設定不同而導致工具執行出錯；另外，工具如果跟某個絕對路徑有相依，如 `~/.npm`，這也可能導致出錯。

Kernel 差異

Container Kernel 不同可能會導致無法預期的錯誤。

以 Mac + Docker Desktop for Mac 來說，實際執行 container 是使用 Linux kernel，因此若工具有產生 binary，會是使用 Linux 核心編譯，而不相容其他作業系統的核心，比方說 npm -i 安裝了透過 Linux kernel 編譯過的套件，之後拿回到 Mac 使用的話就會出錯。

另外，Container Kernel 不同，在做 bind mount 時會有效能問題，簡單來說就是會跑比較慢一點。

Docker 上跑就沒問題

若讀者有個好習慣是時常用 `--rm` 的話，那大部分的情況可以把這個標題大聲說出來：「Docker 上跑就沒問題」。

舉個例，PHP Composer 的 `laravel-bridge/scratch` 套件需要在 PHP >= 7.1 版的環境裡執行單元測試，可以使用下面指令來測試套件在各個環境是否正常：

```
# 在 laravel-bridge/scratch 上跑測試
docker run -it --rm -v $PWD:/source -w /source php:7.1-alpine
vendor/bin/phpunit
docker run -it --rm -v $PWD:/source -w /source php:7.2-alpine
vendor/bin/phpunit
docker run -it --rm -v $PWD:/source -w /source php:7.3-alpine
vendor/bin/phpunit
docker run -it --rm -v $PWD:/source -w /source php:7.4-alpine
vendor/bin/phpunit
```

線上觀看範例：
https://dockerbook.tw/d/qr-4-5.gif

▲ 範例 4-5：在不同的環境下執行單元測試

全部 pass，這樣就比較有信心跟其他開發者說，在 PHP 7.1 ～ 7.4 上都是沒問題的！

同樣地，我們也可以在 PHP 8.0 beta 上測試，來確保套件在即將發布的最新版上也是能正常運作的：

```
docker run -it --rm -v $PWD:/source -w /source php:8.0.0beta4-alpine
vendor/bin/phpunit
```

線上觀看範例：

https://dockerbook.tw/d/qr-4-6.gif

▲ 範例 4-6：在最新 beta 版執行單元測試

小結

本章比較像是筆者如何使用 Docker 的小技巧，有些情境是不想裝或筆者不會裝，所以直接拿別人包好的 image 來用；有些情境則是確認使用 image 可以正常執行，則在對應的環境下使用一樣的方法也能正常執行。

05

Chapter

運用 Docker Compose 組合 container

第一階段的最後，來看看這個方便的工具 —— Docker Compose，它是用來組合多個 container 成為一個完整服務的工具。在第 3 章在說明如何使用 Docker 建置環境時，有示範過如何連結 container 的方法。雖然可行，但要執行非常多指令才能把眾多 container 串起來。Docker Compose 不只可以做到一樣的事，而且它使用 YAML 描述檔定義 container 之間的關係，簡化執行指令的過程，同時也實現了 IaC，讓建置完整服務的方法可以簽入版本控制。

Docker Compose 最終結果是啟動 container，底層一樣會使用 `docker run` 指令，因此 Docker Compose 的設定參數會與 `docker run` 的選項和參數非常相似，這也是筆者先詳細說明指令後，才開始介紹 Docker Compose 的原因。

以下會將前幾章的範例，改寫成 Docker Compose 格式。讀者可以看看 Docker 與 Docker Compose 之間如何轉換。

單一 container

首先小試身手，以 Container 應用裡提到的 node.js + npm 為例。

```
docker run -it --rm -v \$PWD:/source -w /source node:14-alpine
```

Docker Compose 使用 `docker-compose.yml` 做為預設載入設定的檔名，首先建立這個檔案，並輸入以下內容：

```
# 使用 3.8 版的設定檔，通常新版本會有新的功能，並支援新的設定參數
version: "3.8"

# 定義 service 的區塊，一個 service 設定可以用來啟動多個 container
services:
  # 定義一個叫 npm 的 service
  npm:
    image: node:14-alpine
    stdin_open: true
    tty: true
    working_dir: /source
    volumes:
      - .:/source
```

CODE 程式碼下載：https://dockerbook.tw/c/5-1/docker-comopse.yml

主要架構的說明可參考上面的註解，從 container 定義裡可以發現，跟 `docker run` 指令的選項或參數非常像。

- `image` 是指 IMAGE 參數
- `stdin_open` 是 `--interactive` 選項；`tty` 是 `--tty` 選項，這在了解 docker run 指令有提過
- `working_dir` 是 Container 應用 有提到的 `--workdir` 選項

- `volumes` 是使用 volume 同步程式有提過的 `--volume` 選項

定義好後，使用 `docker-compose run` 指令，即可達成與 `docker run` 一樣的效果：

```
docker-compose run --rm npm npm -v
```

線上觀看範例：

https://dockerbook.tw/d/qr-5-1.gif

▲ 範例 5-1：使用 Docker Compose 執行單一 container

多環境測試

前一章 container 應用裡有提到的多環境執行單元測試：

```
docker run -it --rm -v $PWD:/source -w /source php:7.1-alpine
vendor/bin/phpunit
docker run -it --rm -v $PWD:/source -w /source php:7.2-alpine
vendor/bin/phpunit
docker run -it --rm -v $PWD:/source -w /source php:7.3-alpine
vendor/bin/phpunit
docker run -it --rm -v $PWD:/source -w /source php:7.4-alpine
vendor/bin/phpunit
```

改使用 `docker-compose.yml` 的寫法如下：

```
version: "3.8"

services:
  php71: &basic
    image: php:7.1-alpine
    stdin_open: true
    tty: true
    working_dir: /source
    volumes:
      - .:/source
    command: vendor/bin/phpunit
  php72:
    <<: *basic
    image: php:7.2-alpine
  php73:
    <<: *basic
    image: php:7.3-alpine
  php74:
    <<: *basic
    image: php:7.4-alpine
  php80:
    <<: *basic
    image: php:8.0.0beta4-alpine
```

CODE 程式碼下載：https://dockerbook.tw/c/5-2/docker-comopse.yml

這個設定檔用了 YAML 的語法，讓文件內容可以被參考與重用。

- `command` 定義了啟動 container 會執行的指令，以 `docker run` 的例子，這裡要填的是 `vendor/bin/phpunit`

照上面單一 container 的範例，可以猜得出來指令應該要這樣下：

```
docker-compose run --rm php71
docker-compose run --rm php72
docker-compose run --rm php73
docker-compose run --rm php74
docker-compose run --rm php80
```

但一個一個執行還是有點麻煩，這裡改用另一個指令：

```
docker-compose up
```

線上觀看範例：

https://dockerbook.tw/d/qr-5-2.gif

▲ 範例 5-2：使用 Docker Compose 跑多環境測試

這個指令可以看到它同時間併發執行五個 container，並能在最後看到全部的結果。

連結多個 container

跟執行單個 container 狀況不同，因為多個 container 的狀況下，無法同時綁定終端機的輸入在每個 container 上，所以通常這個情境都是觀察 log 或是背景執行。

以使用 environment 控制環境變數裡提到的 phpMyAdmin + MySQL 為例。

```
# Terminal 1
docker run --rm -it --name db -e MYSQL_ROOT_PASSWORD=pass -e MYSQL_
DATABASE=some percona

# Terminal 2
docker run --rm -it --link db -p 8080:80 phpmyadmin
```

轉換成 `docker-compose.yml` 檔如下：

```
version: "3.8"

services:
  database:
    image: percona
    environment:
      MYSQL_ROOT_PASSWORD: pass
      MYSQL_DATABASE: some
```

```
phpmyadmin:
  image: phpmyadmin
  ports:
    - 8080:80
  links:
    - database:db
```

CODE 程式碼下載：https://dockerbook.tw/c/5-3/docker-comopse.yml

- `environment` 即 `--env`
- `ports` 為 `-p` 即開出去的 port 設定
- `links` 為連接 container 所提到的 `--link`

執行指令：

```
# 直接前景執行，當中斷的時候，會停止所有 container。GIF 範例使用下面的指令
# docker-compose up

# 背景執行
docker-compose up -d

# 查看 log
docker-compose logs -f
```

線上觀看範例：

https://dockerbook.tw/d/qr-5-3.gif

▲ 範例 5-3：使用 Docker Compose 組合 container

連結更多 container

延續連結多個 container，我們再加一個 Wordpress 服務，這次來直接修改 `docker-compose.yml` 檔：

```
version: "3.8"

services:
  database:
    image: percona
    environment:
      MYSQL_ROOT_PASSWORD: pass
      MYSQL_DATABASE: some

  phpmyadmin:
    image: phpmyadmin
    ports:
      - 8080:80
    links:
      - database:db

  wordpress:
    image: wordpress
    environment:
      WORDPRESS_DB_HOST: db
      WORDPRESS_DB_USER: root
      WORDPRESS_DB_PASSWORD: pass
      WORDPRESS_DB_NAME: some
```

```
    ports:
      - 80:80
    links:
      - database:db
```

CODE 程式碼下載：https://dockerbook.tw/c/5-4/docker-comopse.yml

接著再次執行指令：

```
# 背景執行
docker-compose up -d

# 查看 wordpress 的 log
docker-compose logs wordpress
```

線上觀看範例：

https://dockerbook.tw/d/qr-5-4.gif

▲ 範例 5-4：使用 Docker Compose 啟動 Wordpress

`docker-compose.yml` 檔有修改的時候，Docker Compose 會針對修改的部分做更新，以本例來說是要啟動 wordpress。

到目前為止，`docker run` 以及 Docker Compose 已經能幫助開發者輕鬆建立與部署開發用的測試環境，而且砍掉重練都非常容易，就算壞掉也不需要太擔心。

06

Chapter

了解 Docker build 指令

前幾章，我們使用 Docker 官方的 image 作為執行指令或啟動服務的環境，以這個角度來說明 Docker 運作的原理，同時也介紹了如何執行與應用現有的 Docker image。接下來將開始介紹如何建置自定義 image。

Docker image 簡介

首先，得先了解 image 是如何設計與被架構起來的。最基本要知道的是：Docker 是採用 Union 檔案系統[1] 來儲存 image。其他類似 Union 檔案系統的還有 Aufs 或 OverlayFS 等。Union 檔案系統的特色如下：

1. 分層（layer）式的檔案系統
2. 支援把「檔案系統的修改」作為 commit，讓多個 commit 一層層堆疊
3. 支援把多個目錄掛載到同一個虛擬檔案系統下

Docker 是如何應用 UnionFS 這些特色的呢？

1 簡稱 UnionFS，可參考維基百科的說明了解更多：https://en.wikipedia.org/wiki/UnionFS

這裡我們來做點小實驗，使用 BusyBox image，並照下面的指令執行：

```
# 打開 Terminal 1
docker run --rm -it --name some busybox

# 進去建立一些檔案
echo new commit > file
cat file

# 打開 Terminal 2，commit 檔案系統成為新的 image
docker commit some myimage

# 執行新的 image
docker run --rm -it --name new myimage

# 檢查剛剛建立的檔案是否存在
cat file
```

線上觀看範例：

https://dockerbook.tw/d/qr-6-1.gif

▲ 範例 6-1：使用 docker commit 產生新的 image

這裡有一個新指令 `docker commit`，它可以把 container 上對檔案系統的修改 commit 成新的 image。

```
docker commit some myimage
```

- 第一個參數 `some` 為 container 名稱
- 第二個參數 `myimage` 為 commit 完成後的 image 名稱
- commit 後會產生一個 sha256 digest

回憶一下第 2 章有提到 image 與 container 的特性：image 因為有 digest，所以是不可修改的；container 是可以執行且可讀可寫，所以上面會有對檔案系統的修改。

在下 `docker run` 指令時，container 的可讀可寫層是疊在 BusyBox image 之上，接著下了 `docker commit` 後，container 的可讀可寫層的內容，會變成一層不可修改的 image（也就是 digest），而原本的 BusyBox 因為不可修改的特性，所以它依然可以用來產生新的 container，不會因此而消失。而在使用新建立的 image 時，會得到新 commit 與 BusyBox image 合併後的結果，如示意圖 6-1：

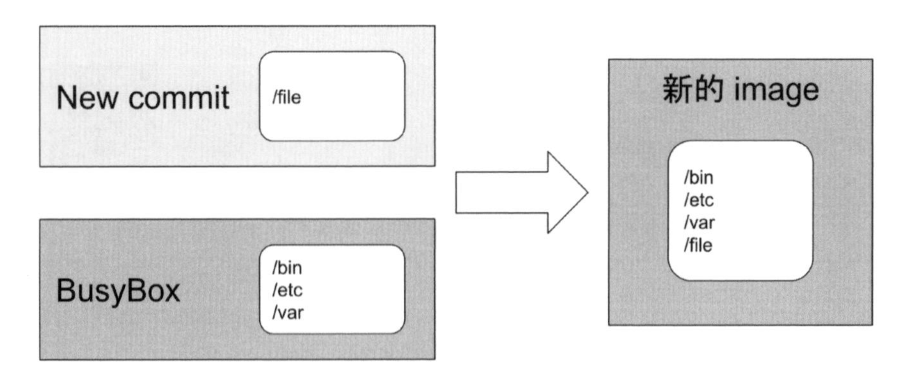

▲ 圖 6-1：Commit 關係的示意圖

平常使用 `docker pull` 下載 image 時，會發現會有一個並行下載的進度表。

```
Using default tag: latest
latest: Pulling from library/mysql
69692152171a: Already exists
1651b0be3df3: Pull complete
951da7386bc8: Downloading  2.882MB/4.179MB
0f86c95aa242: Download complete
37ba2d8bd4fe: Waiting
6d278bb05e94: Waiting
497efbd93a3e: Waiting
f7fddf10c2c2: Waiting
16415d159dfb: Waiting
0e530ffc6b73: Waiting
b0a4a1a77178: Waiting
cd90f92aa9ef: Waiting
```

這裡最左邊每個 digest 其實指的是每個 commit，而其實每一個 commit 都能當作是 image 來執行，比方說執行 `Pull complete` 的 image 指令如下：

```
docker run --rm -it 1651b0be3df3
```

這個小技巧將會在建置 image 過程中除錯會有幫助。

若如果讀者有實驗過的話，會發現目前官方很多 image 都是沒有內建編輯器。接下來，我們就來實際打包一個有 Vim 的 image，完成之後就可以使用它來編輯 container 裡面的設定或程式碼等，下面是執行範例：

```
# Terminal 1
docker run --rm -it --name some alpine

# 進去確認並安裝 Vim
apk add --no-cache vim

# Terminal 2
docker commit some vim

# 使用新的 vim image 執行 container
docker run --rm -it --name new vim

# 在 container 裡執行安裝好的 vim
vim
```

線上觀看範例：

https://dockerbook.tw/d/qr-6-2.gif

▲ 範例 6-2：打包並執行 Vim image

照上面的範例一直執行到最後一步的 `vim`，若有成功的話，恭喜讀者們，你已成功基於 Alpine 上打包出一個有 Vim 的 image 了。

從上面這兩個簡單的範例的執行過程，相信讀者已經可以體會「分層式的檔案系統」的基本樣貌，以及如何運用 `docker commit` 來建立自己要的 image。

接著再繼續延伸下去思考：多個 container 可以基於同一個 image，相同地，多個 image 基於同個 image 也是可行的，如 Node image 和 PHP image 同時是基於 Debian Image。這樣的設計可以減少浪費空間，同時也減少浪費網路下載 image 的流量。而「多個目錄掛載到同一個虛擬檔案系統下」這個特點，其實在第 3 章的 volume 同步程式就有應用到了 —— 把 host 的目錄掛載到 container 裡的某個位置。

Dockerfile 與 docker bulid 指令

前面的範例是啟動並進入 container 做安裝，再使用 `docker commit` 打包。這個方法確實可以完成客製化 image 的需求，但這不是 Docker 官方建議的做法。主要是因為建置過程都是靠手動下指令執行，所以無法記錄與自動化建置，這會造成每個人建的 image 有可能會不大一樣。因此 Docker 設計了 `Dockerfile` 檔來描述與執行自動化建置。

在說明之前，我們先整理一下 image 和 container 之間轉換的關係：

- 使用 `docker run` 可由 image 產生 container。這個在第 2 章已有提到
- 使用 `docker commit` 可由 container 產生 image。這是本章介紹的新指令

`Dockerfile` 的原理很單純，裡面可以描述多個 `RUN` 或 `COPY` 等指令。在執行一動完成後，Docker 會立即 commit，而在執行下一個指令時，Docker 會基於前一個 commit 再創建一個 container 的。如此重覆執行，直到指令全部執行完畢，就代表 image 建置完成了。

> TIPS 簡單來說，Dockerfile 所描述的就是不斷執行 run & commit。

這裡使用剛剛 Vim image 做範例說明，先建立一個新檔案 `Dockerfile` 內容如下：

```
FROM alpine

RUN apk add --no-cache vim
```

檔案放哪裡都可以，接著切換目錄到跟檔案同一層的位置後，執行 `docker build` 指令：

```
# Build 一個新的 image，完成後 tag 為 vim
docker build -t vim .

# 使用新的 image 執行 container
docker run --rm -it --name new vim
```

線上觀看範例：
https://dockerbook.tw/d/qr-6-3.gif

▲ 範例 6-3：使用 Dockerfile 建置 Vim image

改用 `Dockerfile` 後，建置 image 的指令變得非常地簡單，而且 `Dockerfile` 是純文字檔，可以簽入版本控制，這表示其他人簽出一樣的 `Dockerfile` 檔，即可建置出相同的環境，達到環境即程式的目標。

接著來觀察 `docker build` 的執行過程，`docker build` 會把 `Dockerfile` 拆解成一行一行指令執行。以上面的 `Dockerfile` 為例，它的第一個指令是 `FROM alpine`，指的是要以 Alpine image 為基底開始建置，範例的 `a24bb4013296` 即為 Alpine image 的 digest。

```
Step 1/2 : FROM alpine
 ---> a24bb4013296
```

接著第二步是執行 `RUN` 指令，後面接的是安裝 Vim 的指令 `apk add --no-cache vim`。

```
Step 2/2 : RUN apk add --no-cache vim
 ---> Running in 4d5e354483b8
fetch http://dl-cdn.alpinelinux.org/alpine/v3.12/main/x86_64/
APKINDEX.tar.gz
fetch http://dl-cdn.alpinelinux.org/alpine/v3.12/community/x86_64/
APKINDEX.tar.gz
(1/5) Installing xxd (8.2.0735-r0)
(2/5) Installing lua5.3-libs (5.3.5-r6)
(3/5) Installing ncurses-terminfo-base (6.2_p20200523-r0)
(4/5) Installing ncurses-libs (6.2_p20200523-r0)
(5/5) Installing vim (8.2.0735-r0)
Executing busybox-1.31.1-r16.trigger
OK: 35 MiB in 19 packages
Removing intermediate container 4d5e354483b8
 ---> f17e5e8e4781
```

這裡可以看到開頭的執行歷程記錄為 `Running in 4d5e354483b8`，因為是 running 關鍵字，所以 `4d5e354483b8` 指的正是 `CONTAINER ID`。在安裝完成後會將 container commit 成 image，範例的 digest 是 `f17e5e8e4781` ，接著會把 container 移除。

最後完成的訊息，會提醒 commit digest 與 tag 名：

```
Successfully built f17e5e8e4781
Successfully tagged vim:latest
```

在建置 image 完成後，中間任一 commit 還是可以拿來做為 image 使用。但單靠 digest 資訊，是無法找到想要的 image，因此 Docker image 有提供一個功能叫 tag，它可以在 commit 上標上有意義的文字。如 `debian`、`php`、`node`、`wordpress` 等；甚至是額外的版本資訊，如 `php:7.2`、`php:7.3` 等。而沒有 tag 資訊的時候，預設則會代 `latest`，如 `vim` 與 `vim:latest` 表示相同的 tag。

從以上的範例和說明可以知道，下面這三個指令的結果是一模一樣的：

```
docker run --rm -it --name new vim
docker run --rm -it --name new vim:latest
docker run --rm -it --name new f17e5e8e4781
```

小結

本章最後，講一個 image 建置過程來讓讀者再重頭了解 Docker image 建置的概念。Docker 可以先建立 Debian image，再從 Debian 上安裝 PHP 與 node.js。其中 PHP 上的 Wordpress 非常多人使用，因此為它建立一個專用的 image。

上述四個 image 的關係與建置過程示意動畫如下：

線上觀看範例：

https://dockerbook.tw/d/qr-6-4.gif

▲ 範例 6-4：Image 建置過程示意動畫

從這個示意圖可以發現，PHP 與 node.js 的 image 有共用到 Debian 的 image 內容。因 `docker pull` 是把 commit 各別下載的，所以先下載 PHP 再下載 node.js，剛好遇到有共用 image 的話，它會有段訊息會提醒使用者 commit 已下載完成（Already exists）。

通常 image 設計的好，或是服務完整性夠高的時候，我們就會專注在「使用 image」，如 MySQL 資料庫等，使用上通常是直接 docker run。但還是會有需求要客製化 image，這是本章要介紹的主要內容。

07

Chapter

來實際打造 image 吧

Laravel 是目前 PHP 很流行的框架，本章會以看到 Laravel 的預設歡迎頁為目標，來建置一個客製化的 Laravel image。

初始化 Laravel

首先要把 Laravel 主程式先準備好。參考 Installing Laravel 文件，安裝 PHP 7.3 與 Composer，然後執行下面指令即可把 Laravel 程式安裝至 `blog` 目錄。

```
composer create-project --prefer-dist laravel/laravel blog
```

接著進 blog 目錄啟動 server：

```
cd blog

php artisan serve
```

線上觀看範例：

https://dockerbook.tw/d/qr-7-1.gif

▲ 範例 7-1：啟動 Laravel server

完成後，看到 Laravel 的預設歡迎頁，程式碼就準備完成了。

事前準備

先定義 Docker 要下什麼指令，會達到跟官方執行 `php artisan serve` 一樣的結果：

```
docker run --rm -it -p 8000:8000 laravel
```

其中 `-p 8000:8000` 是配合預設開 8000 port；image 取名為 `laravel`。

撰寫 `Dockerfile` 的過程中，會不斷重複啟動與移除 container 測試，筆者會用下面 `Makefile` 來簡化指令，示範和說明也比較清楚一點：

```
#!/usr/bin/make -f
IMAGE := laravel
VERSION := latest

.PHONY: all build rebuild shell run


all: build

# 建置
build:
docker build -t=$(IMAGE):$(VERSION) .

# 不使用 cache 建置
```

```
rebuild:
docker build -t=$(IMAGE):$(VERSION) --no-cache .

# 執行並使用 shell 進入 container
shell:
docker run --rm -it -p 8000:8000 $(IMAGE):$(VERSION) bash

# 執行 container
run:
docker run --rm -it -p 8000:8000 $(IMAGE):$(VERSION)
```

CODE 程式碼下載：https://dockerbook.tw/c/7-1/Makefile

Dockerfile 的第一手

筆者認為寫 `Dockerfile` 跟 TDD 一樣有三循環如下：

1. 新增 Dockerfile 指令
2. 執行 `docker build` 並驗證是否正確
3. 最佳化 Dockerfile

撰寫 `Dockerfile` 的第一手，是先寫一個可以驗證成功的 `Dockerfile`，後續就可以走上面的三循環。

`FROM` 也是一個步驟。只要 image 在 Docker Hub 能下載得到，`Dockerfile` 就能 build 成功，因此我們可以寫一個只有 `FROM` 的 `Dockerfile` 來測試。Laravel 官網的 Server Requirements 要求 PHP >= 7.3，因此我們使用 `php:7.3` image：

```
FROM php:7.3
```

接著執行 `make build` 與 `make shell` 試看看：

```
make build
make shell
```

線上觀看範例：

https://dockerbook.tw/d/qr-7-2.gif

▲ 範例 7-2：第一個 Dockerfile

建置完成，並在 commit 上 tag `laravel`，同時進去 shell 確認 PHP 版本正確。

TIPS 目前 `laravel` tag 與 `php:7.3` tag 在同個 commit 上。

設定路徑與原始碼

預設的路徑是根目錄 `/`，是個一不小心就會刪錯檔案的位置，可以換到一個比較安全的目錄，比方說 `/source`：

```
WORKDIR /source
```

- `WORKDIR` 可以設定預設工作目錄。它同時是 `docker build` 過程與 `docker run` 的工作目錄，跟 `-w` 選項的意義相同

線上觀看範例：

https://dockerbook.tw/d/qr-7-3.gif

▲ 範例 7-3：設定 WORKDIR

接著把 Laravel 原始碼複製進 container 裡，這裡使用 `COPY` 指令：

```
COPY . .
```

- `COPY` 是把 host 的檔案複製到 container 裡，使用方法為 `COPY [hostPath] [containerPath]`

線上觀看範例：

https://dockerbook.tw/d/qr-7-4.gif

▲ 範例 7-4：複製程式碼進 image

要注意這裡有個雷，單一檔案複製沒有問題，但目錄複製就得小心，它的行為跟 Linux 常見的 `cp` 不大一樣。

```
cp -r somedir /some/path
```

以 `cp` 指令來說，上面指令執行完會多一個目錄 `/some/path/somedir`。

```
COPY somedir /container/path
COPY somedir/* /container/path
```

以 `COPY` 指令來說，上面兩個指令是等價的。原本預期會多一個 `/container/path/somedir` 目錄，實際上是 `somedir` 目錄裡所有東西全複製到 `/container/path` 下。

解決方法是改成下面這個指令：

```
COPY somedir /container/path/somedir
```

設定啟動 server 指令

Docker Compose 裡有提到一個設定是 `command`，它定義了 container 啟動預設會執行的指令。`Dockerfile` 也有一樣用法的指令 —— `CMD`。而啟動 server 指令一開始 Laravel 建好的時候已經知道了，`php artisan serve`。

套用在 `CMD` 指令上的用法會有兩種如下：

```
# exec 模式，官方推薦
CMD ["php", "artisan", "serve"]
# shell 模式
CMD php artisan serve
```

後面的章節會解釋這兩個模式的差異，先用官方推薦來試試：

線上觀看範例：

https://dockerbook.tw/d/qr-7-5.gif

▲ 範例 7-5：加上 CMD 參數

咦？奇怪不能用？在說明 port forwarding 的時候，有提到每個 container 都有屬於自己的 port，因為每個 container 都是獨立的個體，包括 host 也是一個獨立的個體。

再回頭看 Laravel 啟動 server 的資訊，它綁定了 `127.0.0.1:8000` 在 container 上。

```
Starting Laravel development server: http://127.0.0.1:8000
```

不能連線的原因其實非常單純，host 與 container 要視為兩台不一樣的機器，因為 container 僅綁定 host —— 也就是只有進 container 使用 `curl http://127.0.0.1:8000` 可以連線，而 host 連 container 會被視為外部連線，因此會連線失敗。

解決方法很簡單，把綁定 IP 調整即可，下例是以 `0.0.0.0` 全部開放為例：

```
CMD ["php", "artisan", "serve", "--host", "0.0.0.0"]
```

線上觀看範例：

https://dockerbook.tw/d/qr-7-6.gif

▲ 範例 7-6：調整 CMD 參數

建置服務成功！測試也完成了，恭喜大家成功用 `Dockerfile` 建置 Laravel image 成功！

`Dockerfile` 最後長相如下：

```
FROM php:7.3

WORKDIR /source
COPY . .

CMD ["php", "artisan", "serve", "--host", "0.0.0.0"]
```

CODE 程式碼下載：https://dockerbook.tw/c/7-2/Dockerfile

目前這個內容有很多缺陷，下個章節會開始做 `Dockerfile` 最佳化，會一步步讓讀者知道更多 image 與 container 相關的技巧。

Note

08

Chapter

最佳化 Dockerfile

寫 Dockerfile 並不困難，但好用的 Dockerfile 需要利用許多技巧，加上不斷嘗試，才有辦法寫出來。

本章節會把前一章的 Dockerfile 做最佳化，改寫成好用的 Dockerfile。

調整 build context

一開始執行 `docker build` 指令時，Docker 會將建置目錄裡的檔案複製一份到 Docker daemon 裡，接著才會開始執行 build image。

```
Sending build context to Docker daemon  42.95MB
```

而 build context 指的是執行 docker build 當下，建置目錄下的檔案。

前一章完成的 Dockerfile 存在一個很明確的問題：建置過程從 build context 傳入了太多非必要的檔案（指 `COPY . .` 無腦複製法），這會有下面的問題：

1. 檔案多，複製時間長，建置的時間會變久
2. 增加不穩定因素，複製進去的檔案可能會影響系統
3. 增加不必要的檔案，雖不礙事但很礙眼

首先針對 build context 來看看該如何調整 `Dockerfile`。

減少不必要的 build context

在 build image 的過程，如果遇到了 `COPY` 指令時，會從 build context 複製進 container。

build context 的某些檔案可能跟 build image 的流程或結果毫無關係，如 `.git` 目錄或 `.vagrant` 目錄。若不做任何處理，一來啟動 `docker build` 會花時間在複製檔案到 Docker daemon；二來在使用懶人複製法 `COPY . .` 也會把這些用不到的檔案複製進 container 佔用空間，可說是百害無一利。

Docker 定義了 `.dockerignore` 檔案，可以直接在裡面定義不進 build context 的檔案，範例如下：

```
.git
.vagrant
```

如此一來，在執行 docker build 指令的時候，就會把這兩個目錄忽略。但要注意有些人會有的誤解是：使用 bind mount 是否會把這兩個檔案包含進去？因為 bind mount 發生在執行階段，這跟 docker build 在建置階段是不同的。而 .dockerignore 主要是用在建置階段忽略，bind mount 不會使用到它，所以還是會把這兩個檔案包含進去。

減少與 host 環境的關聯

`.git` 或 `.vagrant` 跟 build 出 Laravel image 的過程或結果無關，所以全部排除是沒有問題的。有些檔案則是結果需要，但過程會不希望從 host 複製進去的，比方說 `vendor` 目錄。

舉個例子，當 host 是 PHP 7.3，image 是 PHP 7.2 的時候，就很有可能會出問題。如 host 的 PHP 7.3 可能會安裝 PHPUnit 9，但在 image PHP 7.2 是不能使用的。

這時也可以利用 `.dockerignore` 來排除 `vendor` 目錄，減少 host 環境影響 image 內容，同時達到加速 build image 的目的：

```
.git
.vagrant
vendor
```

同樣的概念可以應用在 `node_modules` 或類似的目錄上，執行結果如下：

線上觀看範例：

https://dockerbook.tw/d/qr-8-1.gif

▲ 範例 8-1：把非必要檔案移出 build context

因 `vendor` 裡有程式運作必要的檔案，而剛剛只提到了要排除 `vendor`，並沒有提到如何把 `vendor` 生出來，因此範例在最後執行 container 的時候才會出現找不到檔案的錯誤。

只安裝必要的工具與依賴

`vendor` 在 host 可能會因為開發者環境不同，而安裝到不一樣的套件。但依 `Dockerfile` 的 FROM 設定可以知道，container 的環境是 PHP 7.3，因此我們後續在執行指令時，記得要考慮 container 的環境是 PHP 7.3。

`Dockerfile` 執行指令使用 `RUN` 指令，而 Composer 安裝套件指令為 `composer install`，再改一次 `Dockerfile` 檔如下：

```
FROM php:7.3

WORKDIR /source
COPY . .
RUN composer install

CMD ["php", "artisan", "serve", "--host", "0.0.0.0"]
```

線上觀看範例：

https://dockerbook.tw/d/qr-8-2.gif

▲ 範例 8-2：加上 composer 指令試試

這裡發現還是有問題，關鍵訊息為 `/bin/sh: 1: composer: not found`，意思是 `composer` 這個指令在 container 裡面找不到。

即然找不到指令，先把指令安裝好再執行 `composer install` 總沒問題了吧？

```
FROM php:7.3

WORKDIR /source
COPY . .
# 安裝 Composer 指令
RUN curl -sS https://getcomposer.org/installer | php && mv composer.
phar /usr/local/bin/composer
RUN composer install

CMD ["php", "artisan", "serve", "--host", "0.0.0.0"]
```

線上觀看範例：

https://dockerbook.tw/d/qr-8-3.gif

▲ 範例 8-3：加上安裝 Composer 的指令

`composer install` 看起來可以執行，但執行過程有問題，關鍵訊息有兩個：

1. The zip extension and unzip command are both missing, skipping.
2. sh: 1: git: not found

從訊息上看起來，第一個訊息是因為 zip ext 和 unzip 指令找不到，所以 Composer 採用了替代方案，使用 git 指令，但也沒有安裝，所以出現第二個訊息。

接下來有三個選擇：

1. 安裝 zip ext
2. 安裝 unzip 指令
3. 安裝 git 指令

因為第一個選擇會需要提到更多 PHP 的細節並偏離 Docker 主題太多，因此筆者採取第二個選擇。安裝指令視平台，會用到 `apt`、`yum`、`apk` 等指令，PHP 7.3 是 Debian 系統，所以會用 `apt` 指令：

線上觀看範例：

https://dockerbook.tw/d/qr-8-4.gif

▲ 範例 8-4：加上安裝 unzip 指令

範例是進 shell 先嘗試安裝指令。一開始無法安裝，但只要 update 套件資訊後就可以安裝了。確認好指令可以運行後，再複製進 Dockerfile 即可。最終的 `Dockerfile` 如下：

```
FROM php:7.3

WORKDIR /source
COPY . .
RUN curl -sS https://getcomposer.org/installer | php && mv composer.
phar /usr/local/bin/composer
# 安裝 unzip 指令
RUN apt update && apt install unzip
RUN composer install

CMD ["php", "artisan", "serve", "--host", "0.0.0.0"]
```

線上觀看範例：
https://dockerbook.tw/d/qr-8-5.gif

▲ 範例 8-5：加上 apt 更新的指令

CODE 原始碼可以來這邊下載：https://dockerbook.tw/c/8-1/Dockerfile

TIPS GIF 筆者使用 GIPHY 工具免費版只能錄 30 秒，但裡面已經有看到成功下載 Composer 套件的訊息了。

本小節加了幾個 `Dockerfile` 指令，目的是為了減少 build context，這讓 build image 的效率加快非常多。

另外更重要的，為了讓 `composer install` 指令能在 container 裡正常執行，筆者採用漸進式的方法來説明如何發現、以及安裝工具。當要 build 客製化的 image 時，常常會遇到這類問題，建議讀者可以多了解並嘗試這些過程，這對未來解決問題會很有幫助。

活用 cache

接著來看看如何利用 cache 讓 build image 更加順利。

Build image 第一次會正常執行每一個指令，第二次如果發現是基於同一個 commit 上，執行同一個指令，且結果推測不會變的時候，會把前一次執行結果的 commit 直接拿來用，並標上 `Using cache` 訊息。

```
---> Using cache
```

有效利用 cache 可以提升開發或測試 build image 的效率，這也是最佳化 Dockerfile 的一環。

目前的 Dockerfile 還無法有效利用 cache，可以用以下指令做個實驗：

```
# 先確認 build image 可以抓 cache
make build

# 隨意新增檔案，修改檔案也會有一樣的效果
touch some

# 先確認 build image 無法抓 cache
make build
```

線上觀看範例：

https://dockerbook.tw/d/qr-8-6.gif

▲ 範例 8-6：測試新增檔案對建置的影響

從這個範例可以發現，build context 做任何修改，build image 都會需要全部重跑，浪費時間也浪費網路頻寬。

而根據 cache 生效的規則，我們只要找到第一個沒有 `Using cache` 的指令，就有機會知道問題在哪。

```
Step 1/7 : FROM php:7.3
 ---> d9b8167b4a1c
Step 2/7 : WORKDIR /source
 ---> Using cache
```

```
 ---> 6db08839d8a0
Step 3/7 : COPY . .
 ---> 70a56357ee18
```

從這個輸出資訊來看，是 `COPY . .` 沒有使用 cache。這是因為 touch 新檔案也包含在 `COPY . .` 的範圍裡，但新檔案 Docker 也不知道跟 build image 過程有關係，因此會讓 `COPY . .` 重新執行，接著後面全部都需要一起重新執行。

`COPY` 是針對 host 檔案，另外還有一個很像的指令是 `ADD`，後面可以接下載檔案的端口，如：

```
ADD https://example.com/download.zip .
```

它會在 build image 的時候下載檔案並複製進 container。這功能看似很方便，實際上是會嚴重拖累 build image 時間的。因為一開始有提到：「結果推測不會變的時候」才會使用 cache。上面 `ADD` 例子的問題點在於，必須要把檔案下載回來才知道檔案內容有沒有被修改過，於是變成每次 build image 都需要下載檔案。

回到範例的 Dockerfile，調整方法很簡單，記住一個原則：

```
不常變動的 能早做就早做
常變動的 能晚做就晚做
```

我們把 Dockerfile 分做幾個部分：

1. 全域設定
2. 安裝環境，如 unzip 指令
3. 安裝程式工具，如 composer 指令
4. 程式碼

概念上來說，環境與工具會是變動最少的，最常變動的則是程式碼。筆者習慣全域設定會放在一開頭，常調整的設定會放在最後方便測試，最終還是要看使用情境與習慣。

根據上述順序調整如下：

```
FROM php:7.3

# 全域設定
WORKDIR /source

# 安裝環境、安裝工具
RUN curl -sS https://getcomposer.org/installer | php && mv composer.
phar /usr/local/bin/composer
RUN apt update && apt install unzip

# 程式碼
COPY . .
RUN composer install

CMD ["php", "artisan", "serve", "--host", "0.0.0.0"]
```

用一樣的流程測看看：

線上觀看範例：

https://dockerbook.tw/d/qr-8-7.gif

▲ 範例 8-7：調整成 cache 有效的規則

會看到 `Using cache` 變多，速度也變快很多。

```
Step 1/7 : FROM php:7.3
 ---> d9b8167b4a1c
Step 2/7 : WORKDIR /source
 ---> Using cache
 ---> 6db08839d8a0
Step 3/7 : RUN curl -sS https://getcomposer.org/installer | php &&
mv composer.phar /usr/local/bin/composer
 ---> Using cache
 ---> c5a5b2b80982
Step 4/7 : RUN apt update && apt install unzip
 ---> Using cache
 ---> ddf04cc99574
Step 5/7 : COPY . .
 ---> d1bc2db13e9f
```

但一樣卡在時間花最久的 `composer install`，它不能放到 `COPY . .` 的上面，因為它會需要複製進去的 `composer.json` 與 `composer.lock`。

既然它需要這兩個檔，那就先複製進去再執行 `composer install` 就好了！改法如下：

```
FROM php:7.3

# 全域設定
WORKDIR /source

# 安裝環境、安裝工具
RUN curl -sS https://getcomposer.org/installer | php && mv composer.
phar /usr/local/bin/composer
RUN apt update && apt install unzip

# 安裝程式依賴套件
COPY composer.* ./
RUN composer install --no-scripts

# 複製程式碼
COPY . .
RUN composer run post-autoload-dump

CMD ["php", "artisan", "serve", "--host", "0.0.0.0"]
```

線上觀看範例：

https://dockerbook.tw/d/qr-8-8.gif

▲ 範例 8-8：調整順序

這次會發現 `composer install` 有用到 cache，而且速度已經快到可以全程錄進 GIF 了。

```
Sending build context to Docker daemon  501.8kB
Step 1/9 : FROM php:7.3
 ---> d9b8167b4a1c
Step 2/9 : WORKDIR /source
 ---> Using cache
 ---> 6db08839d8a0
Step 3/9 : RUN curl -sS https://getcomposer.org/installer | php &&
mv composer.phar /usr/local/bin/composer
 ---> Using cache
 ---> c5a5b2b80982
Step 4/9 : RUN apt update && apt install unzip
 ---> Using cache
 ---> ddf04cc99574
Step 5/9 : COPY composer.* ./
 ---> Using cache
 ---> 7e6b6308c79c
Step 6/9 : RUN composer install --no-scripts
 ---> Using cache
 ---> 6c8d6d6d168d
Step 7/9 : COPY . .
 ---> 63ab9135e738
```

這個 Dockerfile 對 cache 的最佳化就到此結束，雖然最佳化完後不會影響最終產出的結果，但對於開發或測試過程是一定有幫助的，建議讀者可以多了解。

強制不使用 cache

有些情況會希望 Docker 強制重新 build image 而不要使用 cache，這時可以使用之前提供的 Makefile 裡的 `make rebuild` 指令：

```
rebuild:
docker build -t=$(IMAGE):$(VERSION) --no-cache .
```

`--no-cache` 參數表達的正是不使用 cache。

以上最佳化方法，是著重在利用 cache 加速 build image。但不要忘了，cache 就是 commit，有時候必須要把它視為 commit 來做最佳化，這也是下一節接續要討論的內容。

精簡 image

精簡 image 筆者分成兩個部分說明，一個是容量，另一個是 commit 數。到目前為止，Dockerfile 內容有點少，筆者先根據 Laravel 官網的 Server Requirements 把 `bcmath` 和 `redis` PHP Extension 安裝也加入 Dockerfile：

```
FROM php:7.3

# 全域設定
WORKDIR /source

# 安裝環境、安裝工具
RUN curl -sS https://getcomposer.org/installer | php && mv composer.
phar /usr/local/bin/composer
RUN apt update && apt install unzip

# 安裝 bcmath 與 redis
RUN docker-php-ext-install bcmath
RUN pecl install redis
RUN docker-php-ext-enable redis

# 加速套件下載的套件
RUN composer global require hirak/prestissimo

# 安裝程式依賴套件
COPY composer.* ./
RUN composer install --no-scripts

# 複製程式碼
COPY . .
RUN composer run post-autoload-dump

CMD ["php", "artisan", "serve", "--host", "0.0.0.0"]
```

精簡容量

Docker 讓啟動 container 的流程變簡單，理論上啟動 container 應該是飛快的，但 image 如果又肥又大，那這件事就只能活在理論裡了。

移除暫存檔案

有的指令會在執行過程產生暫存檔案，如上例的 `apt` 和 `composer global require` 都會產生下載檔案的 cache 並 commit 進 image。這些檔案通常沒有必要保留，因此可以移除節省空間。

這裡要提醒一個 Dockerfile 的觀念，一個指令就是一個 commit，有多少 commit 就會佔用多少容量。比方說下面的寫法：

```
RUN curl -LO https://example.com/download.zip && dosomething
RUN rm download.zip
```

這個寫法會產生一個有 `download.zip` 檔案的 commit 與一個移除 `download.zip` 檔案的 commit，這樣是無法確實地把 `download.zip` 容量釋放出來的，需要改用下面的寫法：

```
RUN curl -LO https://example.com/download.zip && dosomething && rm
download.zip
```

這個寫法，`RUN` 指令最後的結果會是 `download.zip` 檔案已移除，因此 commit 就不會有 `download.zip` 的內容。

當看到移除檔案的指令是獨立一個 `RUN` 的話，那個指令通常是有像上面範例一樣的改善空間。

`apt` 調整寫法實測

`apt` 清除快取的寫法為：

```
apt clean && rm -rf /var/lib/apt/lists/*

# 或使用 apt-get
apt-get clean && rm -rf /var/lib/apt/lists/*
```

筆者實測下面兩種寫法：

```
RUN apt update && apt install unzip
RUN apt update && apt install unzip && apt clean && rm -rf /var/lib/
apt/lists/*
```

結果如下：

```
$ docker images laravel
REPOSITORY          TAG                 IMAGE ID            CREATED
SIZE
laravel             latest              ac4543dab760        37
minutes ago      502MB
laravel             optimized           c68838f961f0        43
seconds ago      485MB
```

可以看得出明顯的差異。

composer global require 調整寫法實測

Composer 清快取的指令為 `composer clear-cache`。實測下面兩種寫法：

```
RUN composer global require hirak/prestissimo
RUN composer global require hirak/prestissimo && composer clear-cache

RUN composer install --no-scripts
RUN composer install --no-scripts && composer clear-cache
```

結果如下：

```
$ docker images laravel
REPOSITORY          TAG                 IMAGE ID            CREATED
SIZE
laravel             latest              ac4543dab760        41
minutes ago      502MB
laravel             optimized           5672f76be599        6
seconds ago       461MB
```

可以看出這個差異也非常多，兩個總合起來就能省掉 50MB 的空間，不無小省。

最終的 Dockerfile 如下：

```
FROM php:7.3

# 全域設定
```

```
WORKDIR /source

# 安裝環境、安裝工具
RUN curl -sS https://getcomposer.org/installer | php && mv composer.
phar /usr/local/bin/composer
RUN apt update && apt install unzip && apt clean && rm -rf /var/lib/
apt/lists/*
RUN docker-php-ext-install bcmath
RUN pecl install redis
RUN docker-php-ext-enable redis

# 加速套件下載的套件
RUN composer global require hirak/prestissimo && composer clear-cache

# 安裝程式依賴套件
COPY composer.* ./
RUN composer install --no-scripts && composer clear-cache

# 複製程式碼
COPY . .
RUN composer run post-autoload-dump

CMD ["php", "artisan", "serve", "--host", "0.0.0.0"]
```

雙管齊下的結果如下：

```
$ docker images laravel
REPOSITORY          TAG                 IMAGE ID            CREATED
SIZE
laravel             latest              097e4cc0805f        3
```

```
seconds ago        502MB
laravel             optimized           55d3a5fcfd3d        About a
minute ago   443MB
```

移除非必要的東西

以最初的目標來看，是要啟動一個 Laravel 的 server 並看到歡迎頁，那有些套件就不是必要的，如單元測試套件。Composer 加上 `--no-dev` 參數即可排除開發用的套件。

```
RUN composer install --no-dev --no-scripts && composer clear-cache
```

結果如下：

```
$ docker images laravel
REPOSITORY          TAG                 IMAGE ID            CREATED
SIZE
laravel             latest              097e4cc0805f        38
minutes ago      502MB
laravel             optimized           fd655c5532e0        3
seconds ago       426MB
```

其他常見非必要的工具如 vim、sshd、git 等，在 container 執行的時候，通常都用不到，這些都是可以移除的目標。

改使用容量較小的 image

剛開始使用 Docker 的時候，通常會找自己比較熟悉的 Linux 發行版，像筆者是 Ubuntu 派的。不同的發行版，容量也有點差異，以下是 Ubuntu、Debian、CentOS、Alpine 的容量比較：

```
REPOSITORY          TAG                 IMAGE ID            CREATED
SIZE
ubuntu              latest              9140108b62dc        3 days
ago             72.9MB
debian              stable-slim         da838f7eb4f8        2 weeks
ago           69.2MB
debian              latest              f6dcff9b59af        2 weeks
ago           114MB
centos              latest              0d120b6ccaa8        7 weeks
ago           215MB
alpine              latest              a24bb4013296        4 months
ago         5.57MB
```

這裡可以看到 Alpine 小到很不可思議，而 Debian 則是有普通版跟 slim 版，這些都是可以嘗試的選擇。以 PHP 官方 image 來說，主要版本是 Debian，但也有 Alpine 的版本，因此如果有需要追求極小 image 的話，也可以多找看看有沒有已經做好的 Alpine 版本可以 `FROM` 來用。

以下為改寫成 Alpine 的 Dockerfile，主要差異在 apk 安裝指令：

```
FROM php:7.3-alpine

# 全域設定
WORKDIR /source

# 安裝環境、安裝工具
RUN curl -sS https://getcomposer.org/installer | php && mv composer.
phar /usr/local/bin/composer
RUN apk add --no-cache unzip
RUN docker-php-ext-install bcmath
RUN apk add --no-cache --virtual .build-deps autoconf g++ make &&
pecl install redis && apk del .build-deps
RUN docker-php-ext-enable redis

# 加速套件下載的套件
RUN composer global require hirak/prestissimo && composer clear-
cache

# 安裝程式依賴套件
COPY composer.* ./
RUN composer install --no-dev --no-scripts && composer clear-cache

# 複製程式碼
COPY . .
RUN composer run post-autoload-dump

CMD ["php", "artisan", "serve", "--host", "0.0.0.0"]
```

改完之後的結果如下，差了 300MB：

```
$ docker images laravel
REPOSITORY          TAG                 IMAGE ID            CREATED
SIZE
laravel             optimized           ce9f7438e818        14
seconds ago      102MB
laravel             latest              097e4cc0805f        53
minutes ago      502MB
```

雖然看起來很美好，但事實上改用 Alpine 並不是簡單的事，以下聊聊筆者從 Ubuntu 轉 Alpine 的一點心得。

shell 不是 bash

因筆者對寫腳本不熟，因此有發生 bash 指令在 sh 上不能使用的問題，當時處理了很久才解決。

不同的套件管理工具

Ubuntu 為 `apt`，Alpine 為 `apk`。用途都是下載套件，使用概念大多都差不多，而實際使用上最大的困擾在於套件名稱不同。比方説，Memcached 的相關套件，apt 叫 `libmemcached-dev`，apk 則是 `libmemcached-libs`，這類問題都得上網查詢資料，以及做嘗試才能找到真正要的套件為何。

系統使用的 libc 不同

Alpine 採用 musl libc 而不是 glibc 系列，因此某些套件可能會無法使用。更詳細的說明可參考 PHP image 或其他官方 image 對於 Alpine image 的解釋。

官方說法是大多數套件都沒有問題，只是筆者從來沒遇過，所以沒有範例可以說明。

精簡 commit

Docker 的 commit 數量是有限制的，為 127 個，這是精簡的理由之一。另一個更重大的理由是：如果檔案系統是使用 AUFS 的話，只要 commit 數越多，檔案系統的操作就會越慢，因此更需要想辦法來減少 commit 數。

合併 commit

一個 Docker 指令就是一個 commit。通常能合併的是 `RUN` 指令，如：

```
# 合併前
RUN apk add --no-cache git
RUN apk add --no-cache unzip
```

```
# 合併後
RUN apk add --no-cache git unzip
```

如果指令過長的話，就會失去可維護性。通常筆者會改寫成像下面這樣：

```
RUN apk add --no-cache \
        git \
        unzip
```

這樣比較能一眼看出目前裝了什麼套件，但相對在 build 的過程，資訊相較就會比較雜亂。

線上觀看範例：
https://dockerbook.tw/d/qr-8-9.gif

▲ 範例 8-9：把多個 commit 合併

筆者參考官方 Dockerfile，發現 `set -xe` 可以對查 log 有幫助：

```
FROM php:7.3-alpine

RUN set -xe && \
        apk add --no-cache \
            git \
            unzip
```

線上觀看範例：

https://dockerbook.tw/d/qr-8-10.gif

▲ 範例 8-10：使用 set -xe 方便查 log

實際作用筆者沒有特別研究，但對於 build 過程的影響，最主要的差異在：不管串接幾個指令，它都會有一個像下面的 log：

```
+ apk add --no-cache git unzip
```

它還會把空白全部去除，這樣在看 build log 會非常清楚。

要如何決定合併的做法

追求極致，把所有 `RUN` 合併在一個 commit，那這樣就會喪失 UnionFS 可以共用 image 的優點，因此如何拿捏適當的 commit 大小，是很有藝術的。

以 PHP 為例，筆者通常會分成下面幾種類型：

1. 系統層的準備，如 `unzip`
2. PHP extension 的準備，如 `bcmath` 或 `redis`
3. 依賴下載，包括 Composer 執行檔
4. 執行程式初始化順序

這邊就不說明怎麼處理的，直接給結果吧。讀者可以看 Dockerfile 註解，即可了解筆者是如何分 commit 的：

```
FROM php:7.3-alpine

# 全域設定
WORKDIR /source

# 安裝環境
RUN apk add --no-cache unzip

# 安裝 extension
RUN set -xe && \
        apk add --no-cache --virtual .build-deps \
            autoconf \
            g++ \
            make \
        && \
            docker-php-ext-install \
                bcmath \
        && \
            pecl install \
                redis \
        && \
            docker-php-ext-enable \
                redis \
        && \
            apk del .build-deps \
        && \
```

```
          php -m

RUN set -xe && \
        curl -sS https://getcomposer.org/installer | php && \
        mv composer.phar /usr/local/bin/composer

# 加速套件下載的套件
RUN composer global require hirak/prestissimo && composer clear-cache

# 安裝程式依賴套件
COPY composer.* ./
RUN composer install --no-dev --no-scripts && composer clear-cache

# 複製程式碼
COPY . .
RUN composer run post-autoload-dump

CMD ["php", "artisan", "serve", "--host", "0.0.0.0"]
```

CODE 原始碼下載：https://dockerbook.tw/c/8-3/Dockerfile

影響 container 啟動快與否，其中有一部分取決於 image 下載時間，這也是精簡容量與 commit 能解掉的問題。

使用 Multi-stage Build

在說明 Multi-stage Build 之前，先來簡單了解持續整合（Continuous Integration，以下簡稱 CI）的 Build 與 DevOps 的 Pipeline。

CI 裡面用了 Build 這個關鍵字來代表建置軟體的過程，實際它背後做的事包含了 compilation、testing、inspection 與 deployment 等；而 DevOps Pipeline 則提到軟體生命週期有 development、testing、deployment 不同的階段（stage），同時每個階段都有可能會產生 artifacts。

綜合上述說明，在 build 的過程會做不同的任務，並產生 artifacts，而在不同階段又會做不同的任務。

回頭看一下前一小節的 Dockerfile，它已可以建置出 Laravel image，但思考以下這兩個問題：

1. Image 最終要部署到線上環境，任何開發或建置工具（如 Composer）都不需要，該怎麼做？
2. Image 若需要做為開發測試共用環境，需要開發工具（如 PHPUnit），該怎麼辦？

目前的 Dockerfile，面對這兩個問題會是矛盾大對決，要嘛偏維運，要嘛偏開發，無法同時解決。幾乎所有語言都會有這個問題，這在看完後面各種框架建置的章節，相信會更有感覺。

寫一個不行，那就寫兩個

最單純直接的解決方法，就是針對維運與開發寫兩個 Dockerfile，但這在使用上非常不方便，於是第三方 Rancher 就寫了一個工具 —— Dapper，主要 Dockerfile 作為維運用，而用另一個指令來處理開發用的 Dockerfile。

Multi-stage Build 概念

若需要在開發用的環境上，處理不固定的任務（如：依需求進入 container 下不同的指令），Dapper 是非常好用的；如果在 container 上是處理固定的任務（如：執行 `phpunit`），則使用 Docker 17.05 開始推出的 Multi-stage Build 會更方便。

概念其實很簡單，參考下面的 Dockerfile：

```
FROM alpine AS build
RUN touch test

FROM alpine
COPY --from=build /test .
RUN ls -l /test
```

線上觀看範例：
https://dockerbook.tw/d/qr-8-11.gif

▲ 範例 8-11：使用 multi stage build

這個 Dockerfile 有三個特別的地方跟過去不大一樣：

1. 有兩個 `FROM` 指令，每個 `FROM` 指令都代表一個 stage，每個 stage 的結果都是 image
2. 第一個 `FROM` 指令使用 `AS` 可以為 image 取別名
3. `COPY` 多了一個選項 `--from`，選項要給的值是 image，實際行為是從該 image 把對應路徑的檔案或 artifacts，複製進 container

執行過程如下：

1. 第一個 stage 產生了 test 檔案
2. 第二個 stage 把第一個 stage 產生的 test 檔案複製過來，並使用 ls 觀察

這兩個 stage 是有依賴關係的，因此 `touch test` 指令若移除的話，就會出現找不到檔案的錯誤。

COPY image 檔案

上面有提到 `COPY` 的 `--form` 選項要給值是 image，實際上不只可以使用 stage image，連 remote repository 都能使用。因此像 Composer 有 image，且執行檔為單一檔案，所以安裝 Composer 的方法，可以改成下面這個寫法：

```
COPY --from=composer:1 /usr/bin/composer /usr/bin/composer
```

FROM stage image

因 stage image 的 alias 可以當作 image 用，所以下面這個共用 curl 套件的寫法是可行的：

```
FROM alpine AS curl
RUN apk add --no-cache curl

FROM curl AS build1
RUN curl --help

FROM curl AS build2
RUN curl --version
```

線上觀看範例：

https://dockerbook.tw/d/qr-8-12.gif

▲ 範例 8-12：使用共同的 curl image

實作 Multi-stage Build

理解 Multi stage Build 後，我們把前一小節完成的 Dockerfile 拿來實作看看。這個 Dockerfile 它可以分作下面幾個 stage：

```
# PHP 環境基礎
FROM php:7.3-alpine AS base
# npm 建置 stage
FROM node:12-alpine AS npm_builder

# Composer 安裝依賴
FROM base AS composer_builder

# 上線環境
FROM base
```

Composer 與上線環境依賴 base 是因為像 `bcmath` 和 `redis` 套件依賴是屬於底層共用的套件，所以寫成共用 image 會比較方便；另外 Laravel 框架 skeleton 有內帶 npm 相關檔案，這次也加入成一個 stage。讀者可以感受看看，使用不同的語言建置，但最終是產生一個 image 的過程，如果這要改寫成沒有 Multi stage Build 版本的話會非常麻煩。

先看 base image，這段應該沒問題，因為它只做安裝 extension：

```
FROM php:7.3-alpine AS base

# 安裝 extension
```

```
RUN set -xe && \
        apk add --no-cache --virtual .build-deps \
            autoconf \
            g++ \
            make \
        && \
            docker-php-ext-install \
                bcmath \
        && \
            pecl install \
                redis \
        && \
            docker-php-ext-enable \
                redis \
        && \
            apk del .build-deps \
        && \
            php -m
```

再來 npm image 應該也沒有太大問題：

```
FROM node:14-alpine AS npm_builder

WORKDIR /source

COPY package.* ./
# 依照 npm run production 提示把 vue-template-compiler 先安裝進去
RUN npm install && npm install vue-template-compiler --save-dev
--production=false

COPY . .

RUN npm run production
```

Composer image，包括安裝 Composer 的調整，與安裝依賴套件。在這個 stage 還可以做單元測試：

```
FROM base AS composer_builder

WORKDIR /source

COPY --from=composer:1 /usr/bin/composer /usr/bin/composer

# 加速套件下載的套件
RUN composer global require hirak/prestissimo && composer clear-cache

# 安裝所有程式依賴的套件，含測試套件
COPY composer.* ./
RUN composer install --no-scripts && composer clear-cache

# 複製程式碼
COPY . .

RUN composer run post-autoload-dump

# 執行測試
RUN php vendor/bin/phpunit

# 移除測試套件
RUN composer install --no-dev
```

最後是最難的，對框架要非常了解，才知道如何哪些檔案該複製，還有先後順序等。

```
FROM base

WORKDIR /var/www/html
```

```
COPY --from=composer_builder /source/vendor ./vendor
COPY --from=npm_builder /source/public/js ./public/js
COPY --from=npm_builder /source/public/css ./public/css
COPY --from=npm_builder /source/public/mix-manifest.json ./public

COPY . .

COPY --from=composer_builder /source/bootstrap ./bootstrap

CMD ["php", "artisan", "serve", "--host", "0.0.0.0"]
```

Build image 是以最後一個 stage 為主。結果又會再更小一些。

```
$ docker images laravel
REPOSITORY          TAG                 IMAGE ID            CREATED
SIZE
laravel             latest              02b76d8ded9b        12
minutes ago         99.5MB
```

CODE 原始碼下載：https://dockerbook.tw/c/8-3/Dockerfile

由以上範例可以了解，使用 Multi-stage Build 不但可以減少容量，同時還能使用 Docker 創造多個環境執行建置階段的任務。

當建置階段與執行階段間，使用 artifacts 做為交付方法的時候，通常都適合使用 Multi-stage Build。如：Golang、Java 等，所有編譯語言，需要編譯並產生 artifacts 才能執行，這些語言的應用程式建置，都適合使用 Multi-stage Build 來做最佳化。

09

Chapter

為各種框架 build image

本章將會應用之前 build image 的技巧，來為以下框架的 hello world 寫 Dockerfile。

1. Phoenix
2. Amber
3. Rocket
4. Lapis

這幾套框架在台灣都很冷門，但這一章主要是想展示：只要有程式和 Dockerfile，讀者就可以建得出跟筆者一樣的環境與 server，這也正是 Docker 實現 IaC 特性的方便之處。

以下示範四種框架撰寫的流程都大同小異，初始化程式是使用了應用 Container 裡提到的借用指令技巧來做；寫 Dockerfile 則是與 Laravel 建 image 做法一樣，一步一步寫出來。筆者會直接把結果放上來，並且說明哪個地方讓筆者撞牆很久。

Phoenix

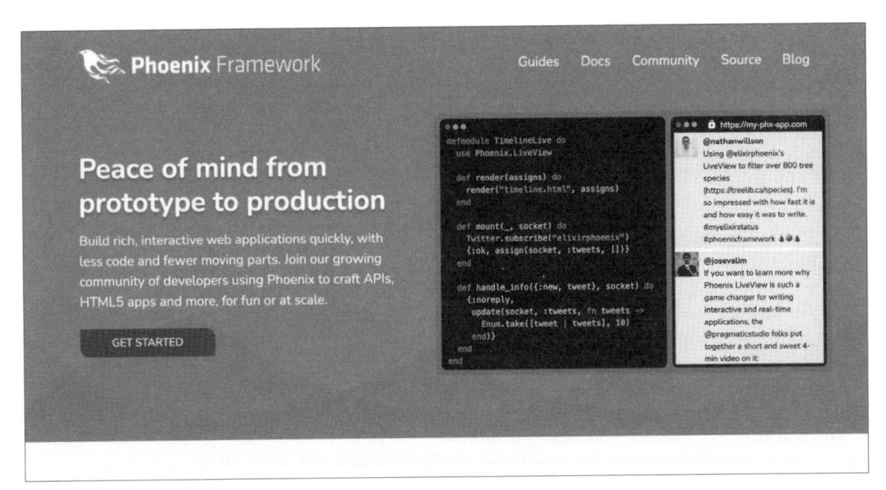

▲ 圖 9-1：Phoenix 官方首頁 https://www.phoenixframework.org

Phoenix 使用 Elixir 語言撰寫，參考官網的 hello world 建置與執行指令如下：

```
mix archive.install hex phx_new 1.5.5
mix phx.new --no-ecto --no-webpack --app ironman phoenix

# 啟動 server
mix phx.server
```

這裡可以看出，框架初始化的做法與 Composer 類似：透過 `mix` 套件管理工具下載框架提供的工具，再用這個工具來初始化程式。

因此它可以直接使用 Elixir image 啟動並進入 container，直接執行上面兩個指令，即可產生 Phoenix 的初始化程式碼在 host 裡。

```
docker run --rm -it -v $PWD:/source -w /source elixir:1.10-alpine sh
```

Dockerfile

```
FROM elixir:1.10-alpine

WORKDIR /usr/app/src

# 準備套件工具的設定
RUN set -xe && \
        mix local.hex --force && \
        mix local.rebar --force

# 安裝套件
COPY mix.* ./
RUN mix deps.get

# 原始碼與編譯
COPY .. .
RUN mix compile

# 啟動 server 的指令
CMD ["mix", "phx.server"]
```

CODE https://dockerbook.tw/c/9-1/Dockerfile

最後是 run image：

```
docker build -t=phoenix .
docker run --rm -it -p 4000:4000 phoenix
```

其他框架因為只是名稱和 port 不同，所以就不重覆此段範例了。

Phoenix 是編譯語言，所以比 Laravel 多了編譯的過程。另外啟用 hex 與 rebar 套件在建 image 過程就有明顯的提示訊息，所以都很容易解決。

Amber

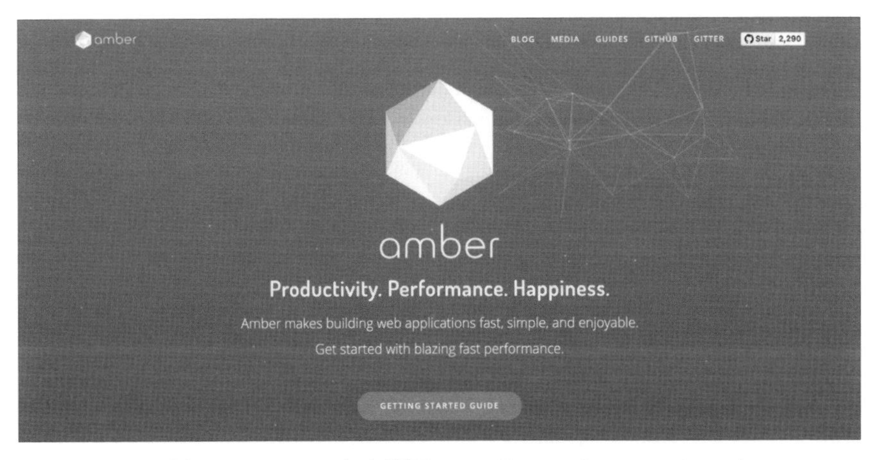

▲ 圖 9-2：Amber 官方首頁 https://amberframework.org/

Amber 使用 Crystal 撰寫。先找到如何產生初始化程式的指令：

```
amber new --minimal amber
```

這裡會發現它跟 Phoenix 不一樣，有自己專屬的指令 `amber` 在處理初始化。而這個指令需要編譯，且需要 Crystal 的環境，有點麻煩。幸好 Amber 官方已經建好 Amber image 可以直接使用了。

```
docker run --rm -it -v $PWD:/source -w /source amberframework/
amber:0.35.0 bash
```

Dockerfile

產生出來的程式裡面就有 Dockerfile 了，真的很貼心：

```
FROM amberframework/amber:0.35.0

WORKDIR /app

# shards 是 Crystal 的套件管理工具
COPY shard.* /app/
RUN shards install

COPY . /app

RUN rm -rf /app/node_modules
```

```
# Amber 起本機測試服務，並開啟動態編譯功能
CMD amber watch
```

CODE https://dockerbook.tw/c/9-2/Dockerfile

Amber 因為有提供 Dockerfile，所以就相較單純了點，只有特別去了解 `shards` 指令是套件管理工具（之前的版本是 `crystal deps`），以及了解 `amber` 指令有什麼功能。

Rocket

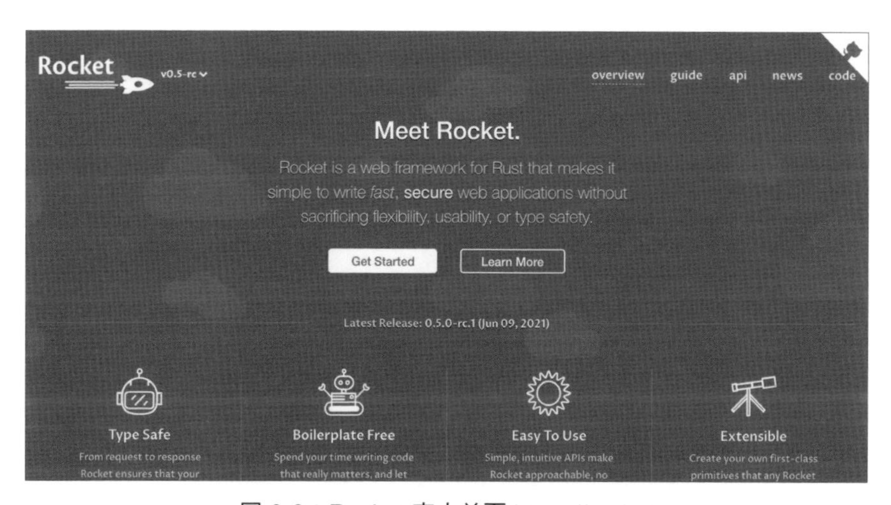

▲ 圖 9-3：Rocket 官方首頁 https://rocket.rs

Rocket 使用 Rust 撰寫。Phoenix、Amber 與 Lapis 都有提供框架專屬的整合指令，本次範例裡，只有 Rocket 沒有，但 Rust 內建的套件管理工具 Cargo 有基本專案初始化指令，可以從這裡開始建立專案：

```
# 使用 cargo 建立專案
cargo new rocket --bin
```

再來 `Cargo.toml` 與 `main.rs` 檔，照著官方教學輸入內容，最後執行即可啟動開發用的 server：

```
cargo run
```

主要都是用 Cargo，所以可以直接拿 Rust image 來執行指令：

```
docker run --rm -it -v $PWD:/source -w /source rust:1.46 bash
```

Dockerfile

```
FROM rust:1.46

WORKDIR /usr/src/app

ENV USER=dummy

# Rocket 官方教學有提到要開 nightly
# 會在這裡執行 cargo init，這是 cargo build 一個 issue
```

```
RUN rustup default nightly && cargo init --bin --name dummy .

COPY Cargo.* ./

# 下載並編譯依賴
RUN cargo build

COPY . .

# 編譯主程式
RUN cargo build

CMD ["cargo", "run"]
```

CODE https://dockerbook.tw/c/9-3/Dockerfile

這個框架遇到了兩個麻煩事，第一個是最佳化 Dockerfile 提到 Alpine 的問題，在 `cargo build` 編譯的時候出錯，改成 Debian 就正常了。

另一個則是，原本想跟其他框架一樣，把依賴 `COPY Cargo.* ./` 跟複製檔案 `COPY . .` 切成兩個階段，但 `cargo build` 會需要存在一個 `src/main.rs` 檔，才能正常執行。一個很笨，但很有效的方法：`cargo init` 一個 dummy 專案即可。

Lapis

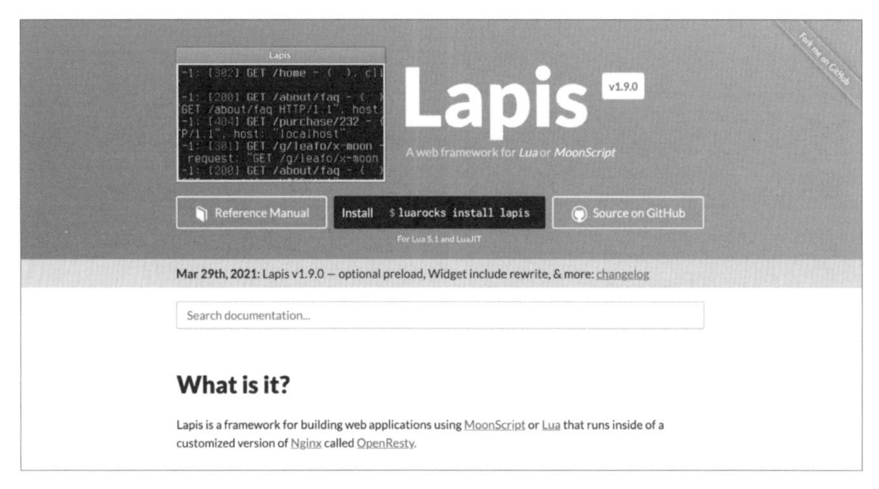

▲ 圖 9-4：Lapis 官方首頁 https://leafo.net/lapis/

Lapis 使用 Lua 撰寫。Docker 官方並沒有出 Lua image，因此筆者有手癢寫了 Lua image。

Lapis 參考官方文件，建置與執行的指令如下：

```
lapis new

# 使用 MoonScript 需要編譯
moonc *.moon

lapis server
```

Lapis 官方也沒出 image，筆者自己有寫了一個 Lapis image，可以直接拿來用：

```
docker run --rm -it -v $PWD:/source -w /source mileschou/
lapis:alpine sh
```

LINK 筆者的 image 連結：https://github.com/MilesChou/docker-lapis

Dockerfile

```
FROM mileschou/lapis:alpine

WORKDIR /usr/src/app

COPY . .

RUN moonc *.moon

CMD ["lapis", "server"]
```

CODE https://dockerbook.tw/c/9-4/Dockerfile

Lapis 因為最麻煩的環境，筆者以前已經搞定了，所以這邊的 Dockerfile 就能寫得很簡單。

小結

開頭有提到，本章要示範 Docker 的 IaC 特性，這是讀者可以嘗試與感受的。但筆者額外想提的觀念是：身為開發人員，想要使用既有的 Docker image 或是撰寫 Dockerfile，不只是要學好 Docker 而已，對程式工具、執行流程以及相關錯誤訊息都要有清楚的認知，才能真正有效發揮出 Docker 的優點。

10

Chapter

分享 image

寫好 Dockerfile，確實完成了 IaC，但拿到 Dockerfile 才開始 build image 的話，一來花時間，二來這樣就會有其他變因（如 base image 更新），因此直接分享建置完成的 image 會是更好的方法[1]。

Registry 是分享 image 的好地方，本章節將會介紹如何把 image 放到 registry 上。

Docker Hub

在 2020 年八月之前，Docker Hub 都是筆者第一首選的公開 registry，直到 Docker 官方宣布新限制[2]後，才開始考慮轉移其他平台。不過 Docker Hub 有強大的自動建置設定與 image 整合測試功能，可以輕鬆設定多種版本的 base image，就這點來說，還是比其他平台強上許多。

1 若把 Dockerfile 當作原始碼，則 build 過程產生的 image 是 artifacts，應該要被管理的產出物。

2 參考 ithome 新聞：https://www.ithome.com.tw/news/139595

建立 repository

申請好帳號並登入後，即可在 Docker Hub 個人 dashboard 頁面上找到 Create Repository 按鈕。按下後，需要輸入 repository 的基本資訊，如名稱與說明等。(如圖 10-1)

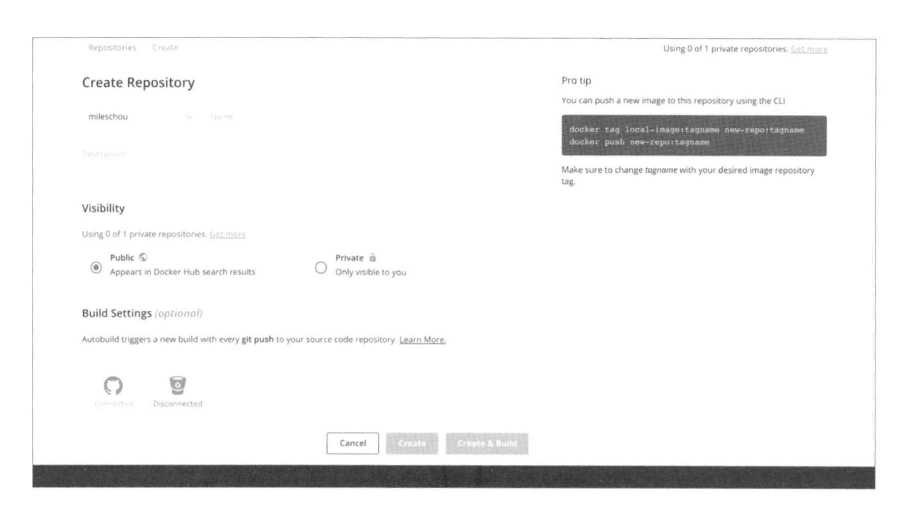

▲ 圖 10-1：建立 repository 頁面

接著該頁面的下面有 Build Setting 區塊（如圖 10-2）：

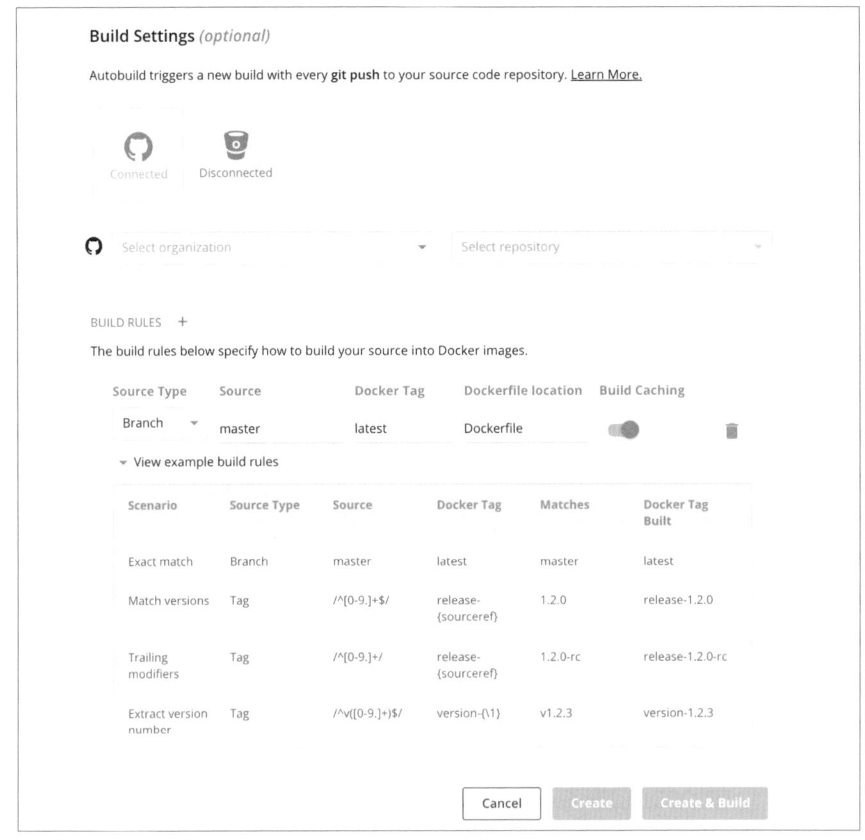

▲ 圖 10-2：Build Setting 設定內容

這個功能就是 Docker Hub 厲害的地方了。它可以與 GitHub 或 Bitbucket 串接 Git repository，在 Git push 的時候，觸發 Docker Hub 的 build event。從範例可以看得出，它可以依照 Git branch 或 Git tag 觸發 Docker build，並產生對應的 Docker tag，甚至還可以使用 regex 來處理。

提供筆者寫過的 `mileschou/lua` image 的 build 設定做為範例參考（如圖 10-3）：

BUILD RULES +

The build rules below specify how to build your source into Docker images.

Source Type	Source	Docker Tag	Dockerfile location	Build Context
Branch	master	5.1	5.1/Dockerfile	/
Branch	master	5.1-alpine	5.1/alpine/Dockerfile	/
Branch	master	5.2	5.2/Dockerfile	/
Branch	master	5.2-alpine	5.2/alpine/Dockerfile	/
Branch	master	5.3	5.3/Dockerfile	/
Branch	master	5.3-alpine	5.3/alpine/Dockerfile	/
Branch	master	5.4	5.4/Dockerfile	/
Branch	master	5.4-alpine	5.4/alpine/Dockerfile	/
Branch	master	alpine	5.4/alpine/Dockerfile	/
Branch	master	jit	jit-2.0/Dockerfile	/
Branch	master	jit-2.0	jit-2.0/Dockerfile	/
Branch	master	jit-2.0-alpine	jit-2.0/alpine/Docker	/
Branch	master	jit-2.1	jit-2.1/Dockerfile	/
Branch	master	jit-2.1-alpine	jit-2.1/alpine/Docker	/
Branch	master	jit-alpine	jit-2.0/alpine/Docker	/
Branch	master	latest	5.4/Dockerfile	/

View example build rules

▲ 圖 10-3：mileschou/lua 的 Build Setting 設定內容

筆者目前只有設定 branch，沒設定過 tag。主要是因為筆者 Docker image 的原始碼都是其他人的既有專案，如範例的 Lua。

當原始碼不是自己控制的時候，使用 branch 控制會比較單純一點，畢竟我們不知道原始碼會在何時會有 Git tag。使用 master branch 控制的話，當 master 更新時，所有版本 image 都會跟著更新，相較簡單很多。但所有版本都放在 master branch 的話，就需要在一個 branch 放所有版本的 Dockerfile。

當原始碼自己可以控制的時候，即可參考 Docker Hub 官方的 tag 設定範例，只要 Regex 設定好即可正常運作。

多版本 Dockerfile 更新

筆者習慣不同版本的 image 使用不同的 Dockerfile 來建置。不同的 Dockerfile 差異（如 Lua 5.1、5.2、5.3），通常只有版號的差別，整體差異不大。筆者會額外寫腳本用來產對應版本的 Dockerfile。

線上觀看範例：

https://dockerbook.tw/d/qr-10-1.gif

▲ 範例 10-1：mileschou/lua 更新 Dockerfile 的腳本

詳細腳本可參考 `MilesChou/docker-lua` 原始碼，原理是使用簡單的取代指令達成的。

LINK 參考 MilesChou/docker-lua 原始碼：https://github.com/MilesChou/docker-lua

Build image

完成設定後，點選 Create & Build 按鈕，Docker Hub 就會開始使用 GitHub 上的 Dockerfile 執行 build image 了。可能因為維運考量，所以 Docker Hub build image 的效率越來越差，如果像筆者一個 push 會 build 十多個 image，這樣就得等上好一陣子。

完成後，即可使用 `docker pull yourname/yourimage` 下載建好的 image 了！

GitHub Container Registry

Docker Hub 限制公布沒多久，GitHub 也隨之推出了新服務 Container Registry。它的設計概念為，repository 不再跟 Git repo 綁在一起，artifacts 也可以做為 repository 保存在 GitHub 上，而 image 是其中一種 artifacts。

筆者有一個 Docker image 相關的開源專案 Composer Action，有串接這個新服務，同時也做為範例介紹。

上面有提到 Docker Hub 的優勢在於 build 設定可以透過網頁操作，非常直覺。而使用 GitHub 的話則需要調整 CI 流程才能完成複雜的 build 設定。這裡使用 GitHub Actions（以下簡稱 Actions）來作為範例：

```
# /.github/workflows/registry.yml
name: Publish Docker

on: [push]

jobs:
  latest:
```

```
  runs-on: ubuntu-latest
  steps:
    - uses: actions/checkout@master
    - name: Build latest version and publish to GitHub Registry
      uses: elgohr/Publish-Docker-Github-Action@2.22
      with:
        name: mileschou/composer
        tags: "latest,8.0"
        username: ${{ secrets.GITHUB_USERNAME }}
        password: ${{ secrets.GHCR_PAT }}
        registry: ghcr.io
        dockerfile: 8.0/Dockerfile
build:
  runs-on: ubuntu-latest
  strategy:
    matrix:
      version: ["7.4", "7.3", "7.2", "7.1", "7.0", "5.6", "5.5"]
  steps:
    - uses: actions/checkout@master
    - name: Build PHP ${{ matrix.version }} and publish to GitHub Registry
      uses: elgohr/Publish-Docker-Github-Action@2.22
      with:
        name: mileschou/composer:${{ matrix.version }}
        username: ${{ secrets.GITHUB_USERNAME }}
        password: ${{ secrets.GHCR_PAT }}
        registry: ghcr.io
        dockerfile: ${{ matrix.version }}/Dockerfile
```

LINK 可參考 Composer Action 的原始碼：https://github.com/MilesChou/composer-action

定義檔裡有兩個 job 分別為 `latest` job 與 `build` job，其中 `latest` 是產生 latest 版本，而 `build` 則是產生其他版本。建置與推上 GitHub 是在第二個 steps 的 use `elgohr/Publish-Docker-Github-Action@2.22`，這個外掛非常好用，它也有提供許多參數可以客製化建置的流程。`with` 後的參數，以下簡單說明。

name 與 dockerfile

`name` 是 image name，跟 Docker Hub 用途一樣，在 `docker pull` 的時候會使用到。GitHub 的 name pattern 與 Docker Hub 一樣，如下：

```
:user_name/:image_name
```

以 Composer Action 為例，這裡的名字將會是 `mileschou/composer` 或 `mileschou/composer:{version}`。

值得一提的是，這裡有用到 `matrix.version` 這個特殊變數，它對應到上面的設定：

```
strategy:
  matrix:
    version: ["7.4", "7.3", "7.2", "7.1", "7.0", "5.6", "5.5"]
```

這個設定會同時開 7 個對應 version 的 job，而每個 job 的 `matrix.version` 都會帶入對應的值，有點像在 for loop 一樣。像本例是不同版本要標不同的 tag，與跑不同的 Dockerfile，這個功能會非常地好用。

`dockerfile` 參數與 Docker Hub 設定一樣，可以指定 Dockerfile 位置。

`username` 與 `password`

這裡使用了兩個環境變數：`secrets.GHCR_PAT` 與 `secrets.GITHUB_USERNAME`，Actions 的環境變數設定可以到 Git repository setting（如圖 10-4）裡調整：

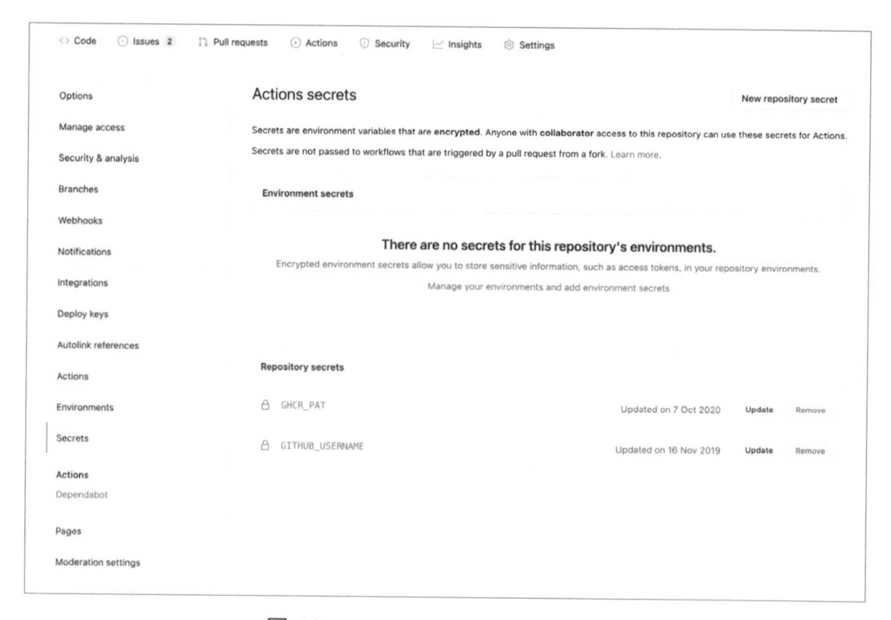

▲ 圖 10-4：Git repository setting 頁面

`GHCR_PAT` 是指 GitHub Container Registry 使用的 Personal Access Token[3]，`GITHUB_USERNAME` 則是帳號，本例裡面是存放筆者的帳號。

registry

之前在介紹元件的時候有提過，registry 是存放 image 與驗證身分的地方，本例的 `ghcr.io` 即為 GitHub 的 registry domain。搭配上面提到的 image name，若要下載 7.4 版的 image 要執行下面這個指令：

```
docker pull ghcr.io/mileschou/composer:7.4
```

這裡可以發現，完整的 repository 名稱其實是包含 registry 的。

那 Docker Hub 呢？Docker Hub 也有自己的驗證中心與網域——`docker.io`。簡單來說，下面這幾個指令會到一樣的位置，下載一樣的 image。

```
docker pull alpine
docker pull docker.io/alpine
docker pull docker.io/library/alpine
```

了解如何從 GitHub Container Registry 下載後，相信讀者們就能知道該怎麼去別的 registry 下載 image 了。

3 GitHub 管理 Personal access tokens 的連結：https://github.com/settings/tokens

Build image

上面的 Actions 定義檔，只要 workflow 檔案 commit 到 master 並 push 就會自動執行了。最後完成即可在個人的 packages 頁面找到對應的 image。

使用自架 Private Registry

若要寫開源的 Docker image，使用 Docker Hub 或 GitHub Container Registry 分享 image 是非常方便的。但如果 image 只打算在企業內部共享的話，該如何做？

Docker 官方有提供自架私有庫的解決方案：使用 registry image，可以建立一個 registry 服務，就像 `docker.io` 一樣。

啟動 registry 服務

使用 Docker 啟動 registry 服務就像啟動 MySQL 一樣簡單[4]：

```
docker run -d -p 5000:5000 --restart=always --name registry registry:2
```

4　這個指令為官方提供的範例：https://docs.docker.com/registry/deploying/

Registry 位置為 `localhost:5000`，標版號的方法如下：

```
# build 的時候直接給 tag
# docker build -t localhost:5000/laravel .

# 標 tag 在現有的 image 上
docker tag laravel localhost:5000/laravel
```

接著使用 `docker push` 推到 registry 裡：

```
docker push localhost:5000/laravel
```

線上觀看範例：

https://dockerbook.tw/d/qr-10-2.gif

▲ 範例 10-2：測試 docker push

測試看看是否能正常下載：

```
# 確認 SHA256 值為 16318b4b39f2
docker images laravel
docker images localhost:5000/laravel

# 移除本機所有 image
docker rmi localhost:5000/laravel laravel

# 重新下載 image
docker pull localhost:5000/laravel
```

```
# 確認 SHA256 值一樣為 16318b4b39f2
docker images laravel
```

線上觀看範例：

https://dockerbook.tw/d/qr-10-3.gif

▲ 範例 10-3：測試 docker pull

這裡特別把 image 的 SHA256 拿來比對了一下，確實一模一樣。

加上 TLS

Server 準備好了，下一步是為它加上基本防護 —— TLS。 以下使用 mkcert 產生 certificate 來做示範的，詳細 TLS certificate 怎麼產生或匯入，筆者就不特別說明了。

安裝好 mkcert 後，初始化 mkcert 並新增 localhost certificate：

```
# 初始化
mkcert -install

# 建立與匯入本機憑證
mkcert localhost

# 會產生 localhost.pem 與 localhost-key.pem 兩個檔，要給 Web server 設定用的
ls *.pem
```

可以使用 Nginx 做測試，先建立設定檔 `nginx.conf`

```
server {
    server_name localhost;
    listen 80;
    listen 443 ssl;
    ssl_certificate /etc/mkcert/localhost.pem;
    ssl_certificate_key /etc/mkcert/localhost-key.pem;
    location / {
        root   /usr/share/nginx/html;
        index  index.html index.htm;
    }
}
```

接著啟動 Nginx container

```
# 啟動 Nginx
docker run -d -v $PWD/localhost-key.pem:/etc/mkcert/localhost-key.
pem -v $PWD/localhost.pem:/etc/mkcert/localhost.pem -v $PWD/nginx.
conf:/etc/nginx/conf.d/default.conf -p 443:443 nginx:alpine

# 驗證
curl https://localhost/
```

只要能正常 curl 到內容，就算驗證完成了，用瀏覽器也可以看到 TLS 正常運作的標示（如圖 10-5）：

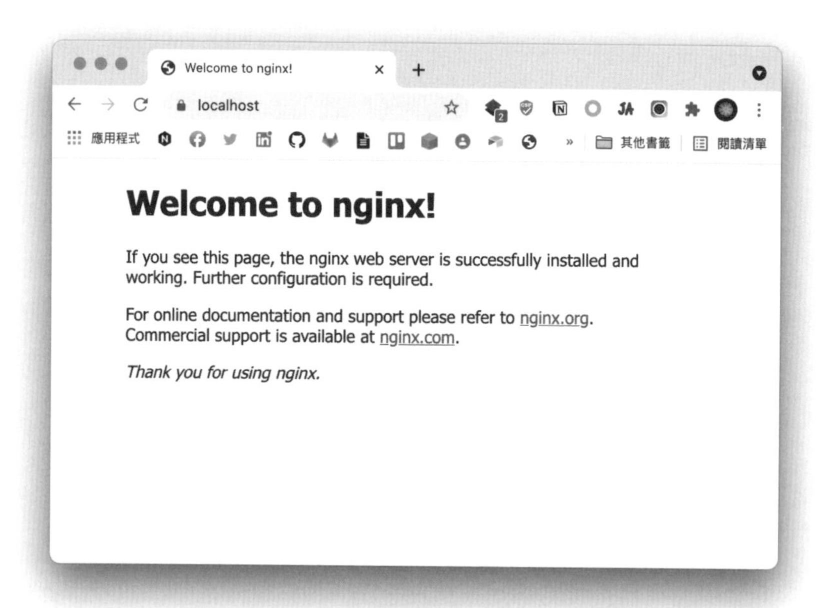

▲ 圖 10-5：使用瀏覽器查看 TLS 頁面

到目前為止，確認 certificate 可以正常運作，下一步是把 certificate 用在 registry 裡

```
docker run -d \
  --restart=always \
  --name registry \
  -v $PWD/localhost.pem:/etc/mkcert/localhost.pem \
  -v $PWD/localhost-key.pem:/etc/mkcert/localhost-key.pem \
  -e REGISTRY_HTTP_ADDR=0.0.0.0:443 \
  -e REGISTRY_HTTP_TLS_CERTIFICATE=/etc/mkcert/localhost.pem \
```

```
  -e REGISTRY_HTTP_TLS_KEY=/etc/mkcert/localhost-key.pem \
  -p 443:443 \
  registry:2
```

這裡把 port 換成 443 了，所以 image 的名稱也得跟著換成 `localhost/laravel`：

```
# tag 新的名字
docker tag localhost:5000/laravel localhost/laravel

# push registry
docker push localhost/laravel
```

線上觀看範例：
https://dockerbook.tw/d/qr-10-4.gif

▲ 範例 10-4：執行 tag 與 push

加上身分驗證

若沒有身分驗證功能，registry 等於是免費倉庫任人塞爆，因此下一步來實作身分驗證。官方有提醒要先完成 TLS，身分驗證才會生效，因此前面 TLS 還沒完成的話，先回頭處理後，再來實作身分驗證。

首先先照官方提供的指令建立 basic auth 的帳密：

```
# 使用 htpasswd 指令
htpasswd -Bbn user pass > auth/htpasswd

# 沒有 htpasswd？跟 Docker 借用一下
docker run --rm -it httpd htpasswd -Bbn user pass > auth/htpasswd
```

接著一樣移除 container 重新啟動一個新的

```
docker run -d \
  --restart=always \
  --name registry \
  -v $PWD/localhost.pem:/etc/mkcert/localhost.pem \
  -v $PWD/localhost-key.pem:/etc/mkcert/localhost-key.pem \
  -e REGISTRY_HTTP_ADDR=0.0.0.0:443 \
  -e REGISTRY_HTTP_TLS_CERTIFICATE=/etc/mkcert/localhost.pem \
  -e REGISTRY_HTTP_TLS_KEY=/etc/mkcert/localhost-key.pem \
  -v $PWD/auth:/auth \
  -e REGISTRY_AUTH=htpasswd \
  -e REGISTRY_AUTH_HTPASSWD_REALM="Registry Realm" \
  -e REGISTRY_AUTH_HTPASSWD_PATH=/auth/htpasswd \
  -p 443:443 \
  registry:2
```

接下來會需要用到 `docker login` 指令，它的用法是

```
docker login [OPTIONS] [SERVER]
```

以下為測試指令：

```
# 登入前 push 會回 no basic auth credentials 錯誤
docker push localhost/laravel

# 登入剛剛設定的 user / pass
docker login localhost

# 再一次就會成功
docker push localhost/laravel

# 使用 logout 把帳密清除
docker logout localhost
```

線上觀看範例：

https://dockerbook.tw/d/qr-10-5.gif

▲ 範例 10-5：測試身分驗證

為求速度，這個測試有先把 image 推到 registry 了，不過仍然可以看出身分驗證前後的差異。

LINK 官方也有提供其他進階的身分驗證，有興趣的讀者可以上官網參考：https://docs.docker.com/registry/deploying/#more-advanced-authentication

自建 registry 還有很多地方要注意的，像是儲存空間設定，或是負載均衡器設定等。Docker registry 已經把大多數困難的事都參數化了，若沒有特殊的需求，直接使用都不會有問題的。

其他 private registry 服務

到目前為止，這個服務已經有簡單的安全防護機制，可以完成登入登出的過程。而當我們使用雲端的 registry 服務，也是需要登入登出，才能正常使用別人分享的 image。

除了自架 Server 以外，目前筆者已知的 private registry 服務如下：

- Docker Hub
- GitHub Container Registry
- GitLab Container Registry
- Amazon Elastic Container Registry（ECR）
- Google Cloud Container Registry（GCR）
- Azure Container Registry

不同家提供的內容差異，主要都在價錢或存放位置的差異，而使用上都沒有差 —— 把它們當成自己建的 private registry 來用就對了！

只要知道各家提供的 registry host 名稱，剩下的就是 login 與 push 到正確的 path 即可。而 `docker login` 指令的詳細過程都在上面，因此持續整合串接 push 至 registry，或持續部署 pull 進機器，相信都不是問題了！

透過 save / export 分享 image

曾聽到一個神奇的需求：希望在無網路的環境下使用 Docker。這種需求，筆者學 Docker 以來還是第一次聽到。但，確實做得到！以下將說明在無網路的環境下，如何分享 Docker image。

安裝 Docker

第一步就是麻煩事了，筆者個人會使用 Vagrant 包 Docker box 再到機器上匯入，接著啟動 VM 後，如果搞砸了，只要 VM 砍掉重練即可。Vagrant 有安裝檔案，另外再配上 VirtualBox 安裝檔，即可完成虛擬機環境的準備。

再來是 Vagrant Box 準備，參考第 1 章安裝 Docker 環境提到的 Vagrant 環境建置。使用 `vagrant up` 建好 VM 後，再使用 `vagrant package` 指令打包成 .box 檔：

```
$ vagrant package
==> default: Attempting graceful shutdown of VM...
==> default: Clearing any previously set forwarded ports...
==> default: Exporting VM...
==> default: Compressing package to: /Users/miles/GitHub/MilesChou/
docker/package.box
```

這個動作跟 `docker commit` 非常像。

到目前為止會有三份檔案如下：

1. Vagrant 安裝檔
2. VirtualBox 安裝檔
3. Docker VM 檔（package.box）

接著放入隨身碟後，就可以移架到主機上安裝 Vagrant 與 VirtualBox 了。

匯入 box 檔

Docker VM 檔是 .box 格式，匯入 Vagrant 使用 `vagrant box add` 指令：

```
$ vagrant box add --name docker ./package.box
==> box: Box file was not detected as metadata. Adding it directly...
==> box: Adding box 'docker' (v0) for provider:
```

```
    box: Unpacking necessary files from: file:///Users/miles/GitHub/
         MilesChou/docker/package.box
==> box: Successfully added box 'docker' (v0) for 'virtualbox'!
```

完成匯入後，因 box 名稱不同，因此要換一個名字。依上面的範例，要使用 `docker` 這個 box 名稱：

```
Vagrant.configure("2") do |config|
  config.vm.box = "docker"

  # config.vm.network "forwarded_port", guest: 80, host: 8080
  # config.vm.network "private_network", ip: "192.168.33.10"
  config.vm.provider "virtualbox" do |vb|
    vb.memory = "1024"
  end
end
```

這裡的 `forwarded_port` 與之前提到的 port forwarding 概念完全相同，只是 container 換成了 VM。以下是設定範例參考：

Image	Container port	Docker Run	Vagrantfile	Host port
httpd	80	8080:80	guest: 8080, host: 8080	8080
mysql	3306	3306:3306	guest: 3306, host: 3306	3306
registry	5000	443:5000	guest: 443, host: 1443	1443

當調整完設定後，只要下 `vagrant reload` 即可重載設定。

再來就是 Docker image 檔該如何產生與匯入了，Docker 提供兩種方法可以產生與匯入 tar 檔，以下簡單做說明。

docker save 與 docker load

前面有說明如何把 Docker image push 到 registry 上。類似的原理，image 的內容是可以被打包起來的。這裡準備了一個簡單的 Dockerfile 來實驗：

```
FROM alpine

RUN apk add --no-cache vim
# 使用上面的 Dockerfile build image
docker build -t vim .
```

Build image 後，使用 `docker save` 可以將 image 內容輸出成 tar 檔：

```
# 確認 image 的 SHA256 為 bcdbe56cd759
docker images vim

# 將 image 保存成 tar
docker save vim > vim.tar

# 移除 image
docker rmi vim
```

```
# 確認 image 不在
docker images vim

# 把剛剛保存的 image 再載入 repository
docker load < vim.tar

# 確認 image 的 SHA256 為 bcdbe56cd759
docker images vim
```

線上觀看範例：

https://dockerbook.tw/d/qr-10-6.gif

▲ 範例 10-6：使用 docker save 與 docker load

這裡可以看到 SHA256 完全一致，這代表 image 內容有被完整保存下來的，而且大小是很接近的：

```
$ ls -lh vim.tar
-rw-r--r--  1 miles  staff    32M 10  5 01:34 vim.tar

$ docker images vim
REPOSITORY          TAG                 IMAGE ID            CREATED
SIZE
vim                 latest              bcdbe56cd759        17 hours
ago         32.5MB
```

Docker 有提供 `docker history` 指令可以查看 image layer 的資訊：

```
$ docker history vim
IMAGE                CREATED               CREATED BY
SIZE                 COMMENT
bcdbe56cd759         21 hours ago          /bin/sh -c apk add --no-
cache vim               26.9MB
<missing>            4 months ago          /bin/sh -c #(nop)  CMD ["/
bin/sh"]              0B
<missing>            4 months ago          /bin/sh -c #(nop) ADD
file:c92c248239f8c7b9b…   5.57MB
```

最上面很明顯是 Vim 的，而下面兩行 missing 即為 Alpine 的 layer，可以用同樣的指令查 Alpine 會更清楚：

```
$ docker history alpine
IMAGE                CREATED               CREATED BY
SIZE                 COMMENT
a24bb4013296         4 months ago          /bin/sh -c #(nop)  CMD ["/
bin/sh"]              0B
<missing>            4 months ago          /bin/sh -c #(nop) ADD
file:c92c248239f8c7b9b…   5.57MB
```

這裡再做另一個實驗，把 Vim image 與 Alpine image 都移除，再匯入 `vim.tar`：

```
# 移除 image
docker rmi vim alpine

# 把剛剛保存的 image 再載入 repository
docker load < vim.tar

# 確認 image 的 SHA256 一樣為 bcdbe56cd759
docker images vim
```

線上觀看範例：

https://dockerbook.tw/d/qr-10-7.gif

▲ 範例 10-7：把 image 移除後再 load

確認 image 的 SHA256 相同，這表示匯出的 `vim.tar` 會完整地包含所有 FROM 的 image 資訊。

為什麼要特別確認這件事？因為下一個指令會不一樣。

docker export 與 docker import

一樣是輸出 tar 檔，但 `docker export` 的目標是 container，它能將 container 輸出成 tar 檔[5]：

5 範例有把 container 停止後，才執行 `docker export` 指令。實際上是可以用在執行中的 container 的。

```
# 執行一個 container，注意這裡沒有 --rm
docker run -it --name vim alpine

# 做點檔案系統的改變再離開
apk add --no-cache vim && exit

# 把 container 的檔案系統匯出 tar
docker export vim > vim-export.tar

# 從 tar 導入檔案系統
docker import - vim < vim-export.tar

# 再多做一次看看
docker import - vim < vim-export.tar
```

線上觀看範例：

https://dockerbook.tw/d/qr-10-8.gif

▲ 範例 10-8：使用 docker export 與 docker import

最後的 `docker import` 可以發現，執行兩次的 digest 是不一樣的。這代表 `docker export` 產出的 tar 檔，其實是沒有包含 FROM image 資訊的。

`docker history` 資訊如下：

```
$ docker history vim
IMAGE               CREATED             CREATED BY          SIZE
COMMENT
407b5b2c246a        4 hours ago                             32.5MB
Imported from -
```

只有一層 layer，Alpine 的檔案系統已經被包含在這裡面了。

save VS export

`docker save` 與 `docker export` 的目的都一樣是把 Docker 的系統保存成檔案，但結果是不大一樣的。以下做個簡單的比較：

docker save	docker export
將 image 打包	將 container 打包
完整保留 image layer 資訊	只會有一層 layer
可以保存多個 image 在一個 tar 檔裡	只能保存一個 container 在一個 tar 檔裡

使用上，筆者認為 `docker save` 用途很明確是分享 image。而 `docker export` 比較像是想把目前運作中的 container 狀態保存下來，拿到別台機器上做別的用途，比方說 debug 等。

Note

11

Chapter

Docker 如何啟動 process

前面有談了 `docker run` 指令的概念，以及 `docker build` 的原理，同時也介紹了一些基本的應用。本章節開始，一樣會從開發者角度來說明更詳細的細節。

exec 模式與 shell 模式

在第 7 章實際打造 image 的時候，有提到 `CMD` 在執行指令的模式有分 exec 模式與 shell 模式[1]，先回顧這兩個模式在寫法上的差異如下：

```
# exec 模式
CMD ["php", "artisan", "serve"]

# shell 模式
CMD php artisan serve
```

以上面的範例來說，最終都會執行 `php artisan serve` 指令，但執行的方法是不一樣的。以下使用 ubuntu image 來做說明。

1 因為是執行指令，所以 RUN 與 ENTRYPOINT 也一樣分這兩種模式。

exec 模式

這個模式是直接在容器裡執行指令，因此 process 的編號會是 PID 1。PID 1 的好處是，當使用 `docker stop` 指令發出 `SIGTERM` 信號時，會是由 PID 1 收到，做 graceful shutdown 會比較簡單一點。

```
FROM ubuntu
CMD ["ps", "-o", "ppid,pid,user,args"]
```

線上觀看範例：

https://dockerbook.tw/d/qr-11-1.gif

▲ 範例 11-1：使用 exec 模式觀察 process 狀態

因 CMD 設定的指令是要執行 `ps -o ppid,pid,user,args`，所以 ps 出來的結果，ps 指令為 PID 1。

這是官方建議的方法。

shell 模式

Shell 模式是透過 `/bin/sh -c` 執行指令，因此會先有 `/bin/sh -c` 的 PID 1 process，然後再開子 process。

在這個情況下，`docker stop` 指令發出的 `SIGTERM` 信號將是由 shell 指令收到。

```
FROM ubuntu
CMD ps -o ppid,pid,user,args
```

線上觀看範例：

https://dockerbook.tw/d/qr-11-2.gif

▲ 範例 11-2：使用 shell 模式觀察 process 狀態

執行上面 Dockerfile 後，可以觀察到 ps 指令的 PID 編號是 7。因為會隔一層 shell 在控制 `SIGTERM` 等信號，所以在做 graceful shutdown 會比較麻煩一點。

但相反地，使用 shell 也有方便的地方：它可以直接在指令上使用環境變數，比方說：

```
FROM node_project
CMD npm run $NODE_ENV
```

這在 exec 是辦不到的。有些討論會提到 exec 如果要取環境變數，可以改成下面的寫法：

```
FROM ubuntu
CMD ["/bin/sh", "-c", "cd $HOME && ps -o ppid,pid,user,args"]
```

綜合以上的內容，相信讀者應該就知道，其實上面 exec 的寫法可以改成 shell 的寫法：

```
FROM ubuntu
CMD cd $HOME && ps -o ppid,pid,user,args
```

image 差異

上面使用 ubuntu image 做範例，說明了 exec 模式和 shell 模式的差異。但不同 image 在 shell 模式下又會不大一樣，原因是 `/bin/sh` 在大多數 image 都是用 link 的形式連結到其他 shell：

```
$ docker run --rm -it ubuntu ls -l /bin/sh
lrwxrwxrwx 1 root root 4 Jul 18  2019 /bin/sh -> dash

$ docker run --rm -it debian ls -l /bin/sh
lrwxrwxrwx 1 root root 4 Sep  8 07:00 /bin/sh -> dash

$ docker run --rm -it centos ls -l /bin/sh
lrwxrwxrwx 1 root root 4 Nov  8  2019 /bin/sh -> bash

$ docker run --rm -it alpine ls -l /bin/sh
lrwxrwxrwx    1 root     root            12 May 29 14:20 /bin/sh ->
/bin/busybox
```

從上面範例可以看到，四個 image 就有三種不同的 shell：

1. bash
2. dash
3. ash（BusyBox）

這些 shell 執行 `/bin/sh -c` 在 process 表現的行為又不大一樣，可以參考以下範例：

Debian 因沒有內建 ps，且與 Ubuntu 一樣是使用 dash，因此就不做為範例。

```
docker run --rm -it ubuntu /bin/sh -c ps
docker run --rm -it ubuntu ps

docker run --rm -it centos /bin/sh -c ps
docker run --rm -it centos ps

docker run --rm -it alpine /bin/sh -c ps
docker run --rm -it alpine ps
```

線上觀看範例：

https://dockerbook.tw/d/qr-11-3.gif

▲ 範例 11-3：實驗使用不同的 shell，觀察 process 的狀態

執行上面的 Dockerfile 可以觀察到，只有 ubuntu 才會多卡一層 process，其他不會。就這個範例來看，其實只有 dash 才會有 PID 1 process 被 shell 佔走的問題。

建議若要使用 shell 模式的話，還是拿 base image 實驗一下比較保險。

觀察 docker exec 的情況

除了 `docker run` 以外，還有 `docker exec` 也是透過 Docker 啟動 process 的，我們來看看它啟動會發生什麼事：

```
# Terminal 1
docker run --rm -it --name test alpine

# 使用 top 指令查看目前的 process
top

# Terminal 2
docker exec -it test sh

# 安裝 Vim
apk add --no-cache vim

# Terminal 1 離開的時候，Terminal 2 的 process 也會跟著結束
exit
```

線上觀看範例：

https://dockerbook.tw/d/qr-11-4.gif

▲ 範例 11-4：實驗使用 docker exec 會如何產生 process

首先 Terminal 1 啟動 container 進入 shell，然後啟動 top，可以看到目前 PID 1 為 `/bin/sh` —— 也就是啟動 container 那時的 shell。而 top 的 PPID 是 PID 1。

接著切換 Terminal 2 使用 `docker exec` 進入 container 並下安裝指令，這時 top 裡面看到多出兩個 process，一個是 `docker exec` 的 `sh` 指令 PID 7，它的 PPID 跟啟動 container 的 `/bin/sh` 一樣為 0，這代表兩個 process 都是從 Docker 直接啟動的 process，而 `apk add` 則是另一個 process。

Docker 會以 PID 1 的狀態來決定是否要把 container 移除。最後 Terminal 1 執行 exit 把 PID 1 結束後，container 就被移除了，並把裡面的 process 清除並回收資源。而沒有父子關係的 PID 7 會使用 `SIGKILL` 信號結束。

因為 container 即 process，所以了解 process 的生命週期非常重要，包括如何啟動，以及什麼時候要回收資源等。

了解 CMD 與 ENTRYPOINT

首先回顧 `docker run` 指令，下面以使用 `node` image 為範例，若直接執行指令，會進入 REPL 模式：

```
$ docker run node
Welcome to Node.js v16.3.0.
Type ".help" for more information.
>
```

而我們也可以在後面接上一些自定義指令或參數，如：

```
$ docker run node -v
v16.3.0
```

那究竟 Docker 是使用什麼樣的方式在執行指令的呢？除了前一小節提到的 exec 模式和 shell 模式外，還有另一部分要了解的是 CMD 與 ENTRYPOINT 設定。

在寫 Dockerfile 或使用 `docker run` 時，我們使用 `CMD` 來執行指令。Docker 還設計了另一個類似的設定叫 `ENTRYPOINT`。活用這兩個設定將能讓 Docker image 使用更加靈活。

CMD 的設計

首先要強調一個重要的概念 —— container 就是 process。啟動 container 背後的原理就是啟動 process。

因此 Docker `CMD` 有個特性是，後面的設定會覆蓋前面的設定，一山不容二虎，一個 container 也不容許同時執行兩個指令。比方說，以 `alpine:3.12` 的 Dockerfile 為例：

```
FROM scratch
ADD alpine-minirootfs-3.12.0-x86_64.tar.gz /
CMD ["/bin/sh"]
```

CODE https://dockerbook.tw/c/11-1

這裡 `CMD` 的設定是 `/bin/sh`。FROM 它的 image 如 `php:7.4-alpine`：

```
FROM alpine:3.12

# 略

CMD ["php", "-a"]
```

CODE https://dockerbook.tw/c/11-2

有設定新的 `CMD` 時，它會以「後設定」的為主。

`docker run` 是類似的情境，它是最後一關，先再看一次 `docker run` 的語法：

```
docker run [OPTIONS] IMAGE [COMMAND] [ARG...]
```

這裡的 `[COMMAND]` 指的就是 `CMD`。在下 `docker run` 沒有帶 `COMMAND` 的時候，它會使用 Dockerfile 定義的 `CMD`；如果有給，它就會覆蓋 `CMD` 設定。

也就是，下面這幾個例子結果是一樣的：

```
# Alpine
docker run --rm -it alpine:3.12
docker run --rm -it alpine:3.12 /bin/sh

# Node
docker run --rm -it php:7.4-alpine
docker run --rm -it php:7.4-alpine php -a
```

若想在 container 上執行其他指令，只要在後面接 COMMAND 即可：

```
# Alpine
docker run --rm -it alpine:3.12 ls

# Node
docker run --rm -it node:14-alpine node -v
```

這招在之前的章節很常拿來用，實際的意義就是取代 `CMD` 設定。

ENTRYPOINT 的設計

`ENTRYPOINT` 跟 `CMD` 很像，一樣是啟動 container 的時候會用到，所以一樣也會有後面設定覆蓋的狀況。

以 `mysql:8` 為例：

```
# 略
ENTRYPOINT ["docker-entrypoint.sh"]

EXPOSE 3306 33060
CMD ["mysqld"]
```

CODE https://dockerbook.tw/c/11-3

若將啟動 container 當成是執行指令的話，那 `docker run` 與 `ENTRYPOINT` 的關係就像下面這樣

```
# 等於在容器內執行 docker-entrypoint.sh mysqld
docker run --rm -it mysql:8

# 等於在容器內執行 docker-entrypoint.sh bash
docker run --rm -it mysql:8 bash
```

這時，我們可以做一個實驗：

```
# 使用 bash 進入 container
docker run --rm -it mysql:8 bash

# 在 container 裡執行 ENTRYPOINT + bash
docker-entrypoint.sh bash

# 在 container 裡執行 ENTRYPOINT + mysqld
docker-entrypoint.sh mysqld
```

沒錯，這就跟上面直接執行 `docker run` 結果一樣。相信這個實驗做完，就能理解 `CMD` 與 `ENTRYPOINT` 的差異與用法了。

了解 CMD 與 ENTRYPOINT 的設計後，接著就能開始設計更多變化的 image。

ENTRYPOINT 的設計，可以保證 container 啟動執行指令的時候，都一定會包含 ENTRYPOINT 設定。因此可以藉由這個特性讓 image 用起來更靈活。

以下會介紹幾個還不錯的設計讓讀者參考。

純執行指令類型的 image

以 Composer image 為例：

```
#!/bin/sh

isCommand() {
  # sh 需要特別例外，因為 composer help 會誤以為是 show 指令
  if [ "$1" = "sh" ]; then
    return 1
  fi

  composer help "$1" > /dev/null 2>&1
}

# 當第一個參數看起來像 option 的話（如：-V、--help）
if [ "${1#-}" != "$1" ]; then
  set -- /sbin/tini -- composer "$@"

# 當第一個參數就是 composer 的話
elif [ "$1" = 'composer' ]; then
  set -- /sbin/tini -- "$@"

# 當第一個參數是 composer 的子指令（如：install、update 等）
elif isCommand "$1"; then
  set -- /sbin/tini -- composer "$@"
fi
```

```
# 其他全部都照舊執行
exec "$@"
```

CODE https://dockerbook.tw/c/11-4

依照上面的腳本，可以轉換出以下 Docker 指令與實際執行指令的對照表：

docker run	actual
docker run composer:1.10 --help	/sbin/tini -- composer --help
docker run composer:1.10 composer --help	/sbin/tini -- composer --help
docker run composer:1.10 install	/sbin/tini -- composer install
docker run composer:1.10 sh	sh

從這個對照表可以看得出來，平常我們能把 `docker run composer` 作為取代 Composer 的指令，若需要使用 sh 進入 container 也可以順利執行，因為 ENTRYPOINT 都幫我們處理好了。

這裡再回頭看一下第 4 章 container 應用的指令借我用一下裡，是怎麼設定 `alias` 的：

```
# 使用 Composer
alias composer="docker run -it --rm -v \''''$PWD:/source -w /source
composer:1.10"
```

這個 alias 設定，是把 `docker run` 取代原指令，但這也必須 image 的 ENTRYPOINT 配合才行。ENTRYPOINT 設計可以有兩種方向：

1. 額外寫 shell script 做為 ENTRYPOINT，可以同時處理原指令，與系統的指令。官方的 image 大多都有這樣設計
2. 直接把指令設定為 ENTRYPOINT，這個 image 就只能用來執行它的子指令，不能做其他用途，如 `oryd/hydra`

CODE `oryd/hydra` 的原始碼參考：https://dockerbook.tw/c/11-5

服務類型的 image

以 MySQL 為例，它的 shell script 寫得比較複雜，這裡單純截取 `_main()` function，並在裡面每個執行過程加上中文註解：

```
_main() {
  # 當第一個參數看起來像 option 的話，就用 mysqld 執行它
  if [ "${1:0:1}" = '-' ]; then
    set -- mysqld "$@"
  fi

  # 當是 mysqld 且沒有會讓 mysqld 停止的參數時，執行 setup
  if [ "$1" = 'mysqld' ] && ! _mysql_want_help "$@"; then
    mysql_note "Entrypoint script for MySQL Server ${MYSQL_VERSION}
started."
```

```
mysql_check_config "$@"
# 取得 Docker ENV 以及初始化目錄
docker_setup_env "$@"
docker_create_db_directories

# 若是 root 身分，則強制使用 mysql 身分啟動
if [ "$(id -u)" = "0" ]; then
  mysql_note "Switching to dedicated user 'mysql'"
  exec gosu mysql "$BASH_SOURCE" "$@"
fi

# 如果資料庫是空的，就建一個起來吧
if [ -z "$DATABASE_ALREADY_EXISTS" ]; then
  docker_verify_minimum_env

  ls /docker-entrypoint-initdb.d/ > /dev/null

  docker_init_database_dir "$@"

  mysql_note "Starting temporary server"
  docker_temp_server_start "$@"
  mysql_note "Temporary server started."

  # 初始化資料庫，這裡將會用到 MYSQL_ROOT_PASSWORD、MYSQL_
DATABASE、MYSQL_USER、MYSQL_PASSWORD 等環境變數
  docker_setup_db

  # 初始化資料庫目錄
  docker_process_init_files /docker-entrypoint-initdb.d/*

  mysql_expire_root_user

  mysql_note "Stopping temporary server"
```

```
        docker_temp_server_stop
        mysql_note "Temporary server stopped"

        echo
        mysql_note "MySQL init process done. Ready for start up."
        echo
      fi
    fi

    # 不是 mysqld 就直接執行了
    exec "$@"
}
```

CODE MySQL image 的 entrypoint 原始碼參考：https://dockerbook.tw/c/11-6

雖然有點長，不過概念簡單來說，這段 ENTRYPOINT 的任務主要是：

1. 以執行 `mysqld` 指令優先
2. 準備環境、切換使用者
3. 初始化資料庫、使用者、資料表等任務

ENTRYPOINT 會寫這麼複雜，正是為了要讓 `mysqld` 指令與環境變數（`MYSQL_ROOT_PASSWORD` 等）的搭配下能正常執行。

若有想寫 Dockerfile 的話，了解 ENTRYPOINT 會是必要的。因為 ENTRYPOINT 是啟動 container 的必經之路，善用它將可以讓 image 用起來更加靈活。

12

Chapter

如何運行多個 process

延續 Docker 啟動 process 的主題，因 container 即 process，因此合理的設計方法會是一個 container 只執行一個 process。而且 Dockerfile 也只能設定一個 ENTRYPOINT 和 CMD，實際上也很難跑多個 process。

但如果真的需要一個 container 同時跑多個 process 的話，該怎麼做呢？

開始前，先來定義簡單的目標：

1. 使用 httpd image，Alpine 版本
2. 在同一個 container 裡，同時啟動 httpd 與 top 兩個指令

使用 docker exec

山不轉路轉。既然 Dockerfile 或 `docker run` 不行用的話，那就先 `docker run` 再 `docker exec` 吧！

```
# 啟動 Apache
docker run --rm -it --name test httpd:2.4-alpine

# 啟動 top
docker exec -it test top
```

這個方法非常單純易懂，但代價也是龐大的。這個做法的問題點，主要是 `docker exec` 的 process 在 PID 1 process 結束的時候，沒有辦法正常地收到 `SIGTERM` 通知。

再來另一個也非常麻煩的問題是，無法使用「一個」Docker 指令完成啟動兩個 process，即使是 Docker Compose 也一樣。代表這需要靠腳本或其他方法來組合 Docker 指令，這將會讓維運 container 的人吃盡苦頭。

若 `docker exec` 不適合的話，那接下來也只剩一種方向：在 CMD 或 ENTRYPOINT 執行某個特別的腳本或程式，由它來啟動所有需要的 process。

使用 shell script

寫一個 shell script，讓它去啟動每個 process ，然後在結尾跑一個無窮迴圈即可：

```
#!/bin/sh


# 啟動 Apache
httpd-foreground &
```

```
# 啟動 top
top -b

# 無窮迴圈
while [[ true ]]; do
    sleep 1
done
```

線上觀看範例：

https://dockerbook.tw/d/qr-12-1.gif

▲ 範例 12-1：使用 entrypoint 執行多個 process

這個方法有一樣的問題 —— process 無法收到 `SIGTERM` 信號，而且比 `docker exec` 更加嚴重。`docker exec` 的方法，至少還會有一個 process 收到信號，而 shell script 方法則是所有 process 都收不到信號。

筆者有用類似的概念實作 Chromium + PHP for Docker：

```
#!/bin/sh

set -e

# 若有帶參數的話，則 chromedriver 會作為背景執行，然後再直接執行需要的
process。
if [ "$1" != "" ]; then
```

```
    chromedriver > /var/log/chromedriver.log 2>&1 &
    exec $@
fi

chromedriver
```

CODE 可參考範例程式 https://dockerbook.tw/c/12-1

使用 Supervisor

Supervisor 是一個能控制多個 process 執行的管理器。以 Supervisor 改寫 Dockerfile 如下：

```
FROM httpd:2.4-alpine

RUN apk add --no-cache supervisor

COPY ./supervisord.conf /etc/supervisor.d/supervisord.ini
CMD ["supervisord", "-c", "/etc/supervisord.conf"]
```

這裡有個設定是 `supervisord.conf`，內容如下：

```
[supervisord]
nodaemon=true
```

```
[program:apache2]
command=httpd-foreground
stdout_logfile=/dev/stdout
stdout_logfile_maxbytes=0

[program:top]
command=top -b
stdout_logfile=/dev/stdout
stdout_logfile_maxbytes=0
```

執行結果如下：

線上觀看範例：

https://dockerbook.tw/d/qr-12-2.gif

▲ 範例 12-2：使用 supervisord 處理執行多個 process 任務

從 log 可以看到 Supervisor 是跑在 PID 1，而 Apache 跑在 PID 8、top 跑在 PID 9 ，兩個 process 都有正常啟動。

```
2020-10-12 15:24:38,955 INFO supervisord started with pid 1
2020-10-12 15:24:39,961 INFO spawned: 'apache2' with pid 8
2020-10-12 15:24:39,965 INFO spawned: 'top' with pid 9
```

接著故意使用 Ctrl + C 來中止程式，可以發現 Supervisor 有把 SIGTERM 信號傳送給 Apache 與 top，並把中止程式的任務完成：

```
2020-10-12 15:24:52,055 WARN received SIGINT indicating exit request
2020-10-12 15:24:52,057 INFO waiting for apache2, top to die
2020-10-12 15:24:52,059 INFO stopped: top (terminated by SIGTERM)
2020-10-12 15:24:52,088 INFO stopped: apache2 (exit status 0)
```

Supervisor 成功地幫我們處理好 SIGTERM 的任務了。但整體來說，一來啟動速度會比較慢一點，二來 container 設計就會相較複雜，因此一般還是建議不要使用比較好。

小結

從本章的範例可以發現，想要在同一個 container 跑多個 process 是很困難的。

因此，最好的方法就是：**一個 container 只執行一個 process** ！

Note

13

Chapter

活用 ENV 與 ARG

ENV 與 ARG 是 Dockerfile 的指令，它們能定義變數並且在後面建置的過程中使用。

ENV 的設計

ENV 比較容易理解，它其實就是設定 environment，因此概念上會是一個全域變數 —— 直到 `docker run` 的時候都還會存在的變數。

Docker 官方的底層 image，如 PHP 等，會有版本資訊、安裝路徑等設定成 ENV，在後續的流程可以拿來使用。

CODE PHP image 的原始碼參考：https://dockerbook.tw/c/13-1

至於應用層級的 image 如 Laravel image，environment 大多都會是執行時期才提供，而 Dockerfile 則可以設定預設值。至於要怎麼設定，則是看 image 最終是否有要拿到線上部署，如果有的話，建議預設 production 設定會比較好：

```
ENV APP_ENV=production
ENV APP_DEBUG=false
```

而連線設定則建議不要有預設值，否則部署錯環境加上設定也錯，若網路層沒有防呆的話，將會發生錯寫資料的悲劇。

ARG 的設計

ARG 是一個很像 ENV 的指令，不一樣的點主要在於，它只能活在 build image 的過程裡。可以從下面這個例子看得出來：

```
FROM alpine

ENV foo=1
ARG bar=2

# Build day27 時 echo
RUN echo ${foo} , ${bar}

# Run day27 時 echo
CMD echo ${foo} , ${bar}
```

線上觀看範例：
https://dockerbook.tw/d/qr-13-1.gif

▲ 範例 13-1：測試 RUN 與 CMD echo ENV 與 ARG 的內容

build image 過程可以看到 ENV 與 ARG 有正常取值，但 `docker run` 的時候，則只剩下 ENV 而 ARG 不見了。這代表 ARG 只能活在 build image 階段而已。

ARG 不只是 build image 階段的變數，它可以在下指令的時候一併設值：

```
docker build --build-arg bar=3 .
```

線上觀看範例：

https://dockerbook.tw/d/qr-13-2.gif

▲ 範例 13-2：Build 的時候替換掉 ARG 的值

ARG 的使用情境在，有時候需要寫很多 Dockerfile，如：

```
FROM php:7.3-alpine

RUN apk add --no-cache unzip
COPY --from=composer:1.10 /usr/bin/composer /usr/bin/composer
```

```
FROM php:7.4-alpine

RUN apk add --no-cache unzip
COPY --from=composer:1.10 /usr/bin/composer /usr/bin/composer
```

兩個 Dockerfile 差異只在於 PHP 版本，若以這個寫法來看，若未來新增 PHP 版本，就得多一個 Dockerfile。

這個情境就很適合使用 ARG 改寫：

```
ARG PHP_VER
FROM php:${PHP_VER}-alpine

RUN apk add --no-cache unzip
COPY --from=composer:1.10 /usr/bin/composer /usr/bin/composer
docker build --build-arg PHP_VER=7.4 .
docker build --build-arg PHP_VER=7.3 .
```

線上觀看範例：

https://dockerbook.tw/d/qr-13-3.gif

▲ 範例 13-3：使用不同的 ARG 建立不同版本的 image

這裡的 ARG 寫法是沒有預設值的，這時 `${PHP_VER}` 會取到的是空值。以這個例子，`FROM` 指令會出現 image 名稱格式錯誤訊息（`php:-alpine`）：

```
$ docker build .
Sending build context to Docker daemon  111.6kB
Step 1/4 : ARG PHP_VER
Step 2/4 : FROM php:${PHP_VER}-alpine
invalid reference format
```

ARG 與 ENV 混用

如果在 ARG 設值的時候使用 ENV 的值，或是反過來的話，可以正常 work 嗎？

```
FROM alpine

ENV foo=is_env
ARG bar=is_arg

ARG foo_env=${foo}
ENV bar_arg=${bar}

RUN echo ${foo_env} , ${bar_arg}
CMD echo ${foo_env} , ${bar_arg}
```

線上觀看範例：

https://dockerbook.tw/d/qr-13-4.gif

▲ 範例 13-4：測試當互相覆蓋的時候會發生什麼事

可以看到 ARG 有正常取得 ENV，ENV 也有正常取得 ARG。

另一種情境是撞名：

```
FROM alpine
```

```
ENV foo=is_env
ARG foo=is_arg

ARG bar=is_arg
ENV bar=is_env

RUN echo ${foo} , ${bar}
CMD echo ${foo} , ${bar}
```

線上觀看範例：

https://dockerbook.tw/d/qr-13-5.gif

▲ 範例 13-5：測試使用相同的 key

若取一樣的名字會發現，它最後都會以 ENV 為主。雖然不會出錯，但建議還是盡可能不要撞名比較好。

與 Multi-stage build 合併使用

下面做一個簡單的實驗，在第一個 stage 設定好值後，在第二個 stage 使用：

```
FROM alpine

ENV foo=1
```

```
ARG bar=2

FROM alpine

RUN echo ${foo} , ${bar}
CMD echo ${foo} , ${bar}
```

線上觀看範例：
https://dockerbook.tw/d/qr-13-6.gif

▲ 範例 13-6：配合 Multi-stage 調整 Dockerfile

這個實驗非常簡單，一做就馬上理解：每個 stage 要用的 ARG 與 ENV 都需要各自定義的，因此兩個 stage 可以設定兩個同名不同值的 ENV；若兩個 stage 都使用同名的 ARG，則兩個 ARG 在 `--build-arg` 給值的時候都拿得到。

```
FROM alpine

ARG foo
RUN echo ${foo}

FROM alpine

ARG foo
RUN echo ${foo}
```

線上觀看範例：

https://dockerbook.tw/d/qr-13-7.gif

▲ 範例 13-7：實驗兩個 stage 如何取得 ARG

小結

本章一連串的實作，相信讀者能更了解 ENV 與 ARG 的差異，以及適用的情境。

使用 ENV 可以讓 Dockerfile 更好維護，而 ARG 則是可以讓同一份 Dockerfile 產生更多不一樣的 image。讀者可以視情況運用這兩個指令。

Note

14

Chapter

Volume 進階用法

Volume 前面提到的寫法只是使用了其中 Bind Mount，這個章節會應用其他的方法完成不同的需求。

Volume 概念

原本同步程式的做法很單純，只是把 host 的某個位置綁在 container 的某個路徑上，如：

```
docker run -d -it -v $PWD:/usr/local/apache2/htdocs -p 8080:80 httpd
```

這樣會把 host 下指令的路徑綁在 container 的 `/usr/local/apache2/htdocs` 上。

上面的方法達成了 host 共享資料給 container，但有時候會是 只有 container 之間需要共用資料，而 host 不需要跟這些 container 共享，可以執行下面的指令來了解如何做到這件事：

```
# 建立 volume，並命名為 code
docker volume create --name code

# 執行 BusyBox container 綁定 volume 在 source，並查看裡面的內容，並新
增檔案
docker run --rm -it -v code:/source -w /source busybox sh
ls -al && echo Hi volume > /source/volume.html && exit
```

```
# 執行新的 BusyBox container 查看 volume 的內容
docker run --rm -it -v code:/source busybox ls -l /source

# 執行 Nginx container 綁定到 html 目錄裡
docker run -d -v code:/usr/share/nginx/html -p 8080:80 --name my-web
nginx:alpine

# 查看 html
curl http://localhost:8080/volume.html

# 執行新的 Nginx container，並把 my-web 容器綁定的 volume 綁到這個容器上
docker run -d --volumes-from my-web -p 8081:80 --name my-web2
nginx:alpine

# 查看 html
curl http://localhost:8081/volume.html
```

線上觀看範例：

https://dockerbook.tw/d/qr-14-1.gif

▲ 範例 14-1：使用 volume 讓兩個 container 共用檔案系統

這段指令很長，仔細說明如下：

1. 先開一個空的目錄叫 `code` 然後掛載到 BusyBox 的 `/source` 下，並產生程式碼

2. 注意這裡使用 BusyBox 都有加 `--rm` 參數，所以每次 container 都會移除，但 `code` 裡面的資料不會消失
3. Nginx container `my-web` 把 `code` 拿來掛載到 html 目錄裡，且可以正常使用
4. Nginx container `my-web2` 把 `my-web` 的掛載設定拿來用，且可以正常使用

-v 參數掛載

掛載的參數使用方法如下：

```
-v [VOLUME_NAME]:[CONTAINER_PATH]
```

`VOLUME_NAME` 若不存在，會建立一個同名 volume（背後執行 `docker volume create --name VOLUME_NAME`）；若存在，則會做掛載。

Volume 的名字有限定不能有斜線 `/`：

```
$ docker volume create --name a/b
Error response from daemon: create a/b: "a/b" includes invalid
characters for a local volume name, only "[a-zA-Z0-9][a-zA-Z0-9_.-]"
are allowed. If you intend to pass a host directory, use absolute
path
```

所以有斜線，且是絕對路徑的話，就代表的是 bind mount，沒有斜線代表的是 volume。

`-v` 也可以不指定 `VOLUME_NAME` 如下：

```
-v [CONTAINER_PATH]
```

Docker 會使用 `docker volume create` 建立 volume，名稱會是一個隨機亂數，並掛載到 `CONTAINER_PATH`。

--volumes-from 參數

有時候會需要跟其他 container 共同相同的 volume 設定，比方像上例，同樣的 web 服務，都會有相同的設定。

`--volumes-from` 這時候就會非常好用，它後面要接的參數是 `CONTAINER_ID`。它會把該 container 的 volume 設定原封不動的複製過去，包括 bind mount。

應用

可以想像在 Docker 的世界裡，container 跟 volume 是兩個不同且獨立元件，然後可以使用 docker run 組裝起來。（如圖 14-1）

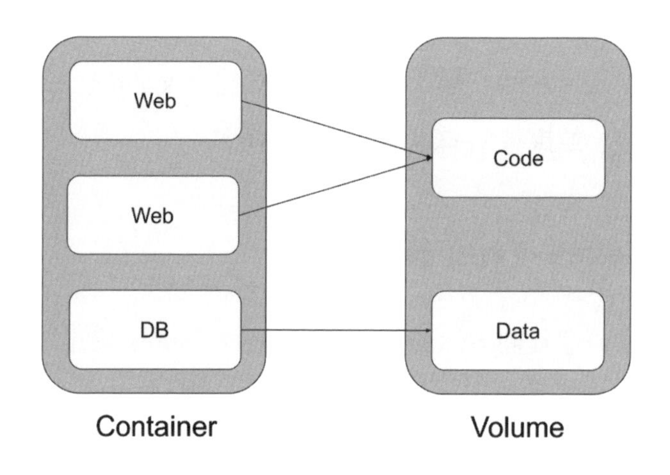

▲ 圖 14-1：Volume 示意圖

從圖 14-1 可以看到，兩個 Web container 共同使用 Code volume，而 DB container 使用 Data volume。因 volume 是獨立的元件，所以我們可以執行其他 container，把對應的 volume 拿來讀取做其他應用。

DB 備份

假設要模擬 MySQL 停機後備份檔案系統，則可以像下面這樣做。

```
# 啟動 MySQL
docker run -d -e MYSQL_ROOT_PASSWORD=password --name db mysql

# 停止 MySQL
docker stop db

# 使用 BusyBox container 做備份
docker run --rm -it --volumes-from db -v $PWD:/backup busybox tar
cvf /backup/backup.tar /var/lib/mysql
```

這個簡單的範例有兩個重點：

1. 啟動 MySQL 的時候，其實已經內帶 volume 了，它的行為會是加上 `-v /var/lib/mysql` 參數
2. BusyBox 會把 `-v /var/lib/mysql` 複製過來，因此 tar 指令後面要接 `/var/lib/mysql` 路徑

MySQL 內帶 volume 是由 Dockerfile 指令設定的：

```
VOLUME /var/lib/mysql
```

其他 DB 像 Redis 也有類似的設定：

```
VOLUME /data
```

主要是因為這類需要 persistent 資料的服務，都會設定 `VOLUME` 讓其他 container 可以共用並做其他處理，如備份。

Nginx + PHP-FPM

除了 DB 會用到 volume 外，筆者也遇過這個情境需要用到 volume 設定。主要是因為 Nginx 需要對應路徑要真的有 .php 檔案，它才會往 FPM 送出請求。Docker Compose 檔範例如下：

```
web:
  image: nginx
  working_dir: /usr/share/nginx/html
  volumes_from:
    - php

php:
  image: php-fpm
  working_dir: /usr/share/nginx/html
  volumes:
    - .:/usr/share/nginx/html
    - /usr/share/nginx/html
```

屬性設定

Container 共享檔案雖然很方便，但有時候會希望限制權限。比方說回頭看第一個範例，假設我們只希望 BusyBox 才能有寫入權限，Nginx 只有唯讀權限，則可以加上屬性參數如下：

```
# BusyBox 不變
docker run --rm -it -v code:/source -w /source busybox sh

# Nginx volume 設定加上 :ro
docker run -d -v code:/usr/share/nginx/html:ro -p 8080:80 --name my-
web nginx:alpine
```

屬性設定格式如下：

```
-v [VOLUME_NAME]:[CONTAINER_PATH]:[PROPERTIES]
```

此外 Mac 的效能問題也可以調整屬性設定解決，如加上 `delegated` 屬性：

```
docker run --rm -it $PWD:/app/myapp:delegated
```

Volume driver

以上都是以 container 共用檔案的前提在說明如何運用 volume。事實上，volume 獨立元件設計，更好用的地方在於，它可以使用不同的 driver 來替換實體的儲存位置。比方說，直接透過 volume driver 掛載 SSH 上的某個目錄 —— sshfs[1]。

1 筆者僅知道概念，但沒有經驗，有興趣可以參考官網說明：https://docs.docker.com/storage/volumes/#use-a-volume-driver

小結

知道 volume 的設定方法，雖然在開發上沒有什麼影響，但在維運應用上就能有更多變化。

比方說，假設有一群 container cluster，而 container 不知道會在哪台機器啟動的時候，volume 設定就變很重要。另外架一台 storage 然後讓 container 機器設定 volume driver 存取 storage，這樣的設計就會非常有彈性。

15

Chapter

Network 手動配置

在前面幾章的應用或一開始使用 Docker 來說，不一定需要理解 Docker 的網路架構，依然可以很順利使用。而實際上 Docker Network 可以調整非常多設定，在使用 Network 連結 container 使用的是預設的 bridge 模式，這個模式符合大多數開發階段的情境，所以通常不會調整它。但如果想要將 Docker 應用在更複雜的環境時，那就勢必要了解 Docker Network 是如何配置的。

Network Drivers

安裝好 Docker 後，可使用 `docker network ls` 指令來查看目前的網路設定配置：

```
$ docker network ls
NETWORK ID     NAME      DRIVER    SCOPE
f1a2499f5040   bridge    bridge    local
1bc7bcd5b0fe   host      host      local
ad2f70cb38e7   none      null      local
```

上例是剛安裝好 Docker 的預設網路配置設定，可以透過 `docker network create` 指令來新增網路配置設定。這個表格有 `NETWORK ID`、`NAME` 這兩個跟 `CONTAINER ID` 與 `NAMES` 很像的欄位，一樣具備唯一特性，在調整設定時會需要用到。

而 `DRIVER` 指的是網路類型的實作。Docker 控制網路裝置是設計成抽象介面，而底層實作可以抽換不同的驅動來對應不同的網路類型。Docker 目前支援的類型如下：

- bridge
- overlay
- host
- macvlan
- IPvlan
- none

本章以這幾種類型來做說明 Docker Network。

預設的 Bridge 網路

使用 `docker run` 指令啟動 container 時，如果沒指定網路的話，會使用「預設」的 `bridge` 網路。`bridge` 網路的 driver 是 `bridge`，符合絕大多數執行 container 的需求，像過去幾章介紹的指令，如果有連網的話，都是透過這個預設的 `bridge` 連線到網際網路的。`docker network create` 預設也是建立 `bridge` 的網路配置，但它們稍微有點不大一樣，下一小節會接續說明。

首先先執行下面的範例，來啟動一些 container，執行完的網路拓撲圖如圖 15-1：

```
docker run -d -it --name container1 alpine
docker run -d -it --name container2 alpine
```

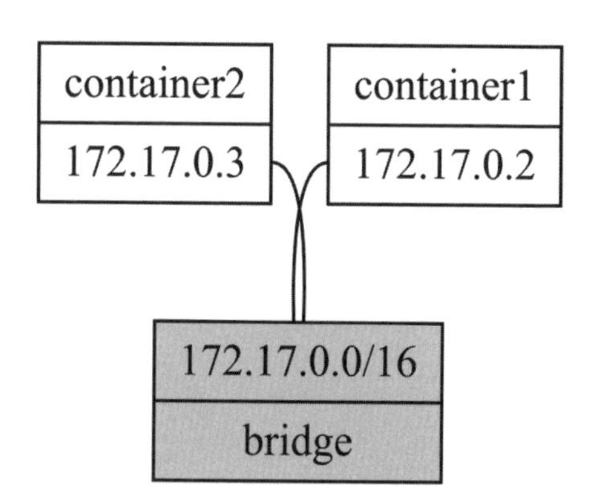

▲ 圖 15-1：啟動兩個 container 並使用預設 bridge 的網路拓撲圖

這張圖可以看得到兩個 container 的 IP，但 bridge 只知道網段在 172.17.0.0/16，但 IP 不知道是哪一個。不過沒關係，我們可以做一些實驗與觀察，即可知道這三個裝置之間的關係。

首先先來確認 container 裡面的狀態。執行 Alpine 的 `ip` 指令，可以得到更多有關 container 的網路資訊：

```
$ docker exec -it container1 ip addr show
1: lo: <LOOPBACK,UP,LOWER_UP> mtu 65536 qdisc noqueue state UNKNOWN
qlen 1000
    link/loopback 00:00:00:00:00:00 brd 00:00:00:00:00:00
```

```
    inet 127.0.0.1/8 scope host lo
       valid_lft forever preferred_lft forever
2: tunl0@NONE: <NOARP> mtu 1480 qdisc noop state DOWN qlen 1000
    link/ipip 0.0.0.0 brd 0.0.0.0
3: ip6tnl0@NONE: <NOARP> mtu 1452 qdisc noop state DOWN qlen 1000
    link/tunnel6 00:00:00:00:00:00:00:00:00:00:00:00:00:00:00:00 brd
00:00:00:00:00:00:00:00:00:00:00:00:00:00:00:00
24: eth0@if25: <BROADCAST,MULTICAST,UP,LOWER_UP,M-DOWN> mtu 1500
qdisc noqueue state UP
    link/ether 02:42:ac:11:00:02 brd ff:ff:ff:ff:ff:ff
    inet 172.17.0.2/16 brd 172.17.255.255 scope global eth0
       valid_lft forever preferred_lft forever

$ docker exec -it container1 ip route list
default via 172.17.0.1 dev eth0
172.17.0.0/16 dev eth0 scope link  src 172.17.0.2
```

這裡可以看到 container1 的 IP 確實為 172.17.0.2，但因為 `ip addr show` 裡面並沒有 gateway 相關的資訊，使用 `ip route list` 指令則可以看到，它是透過 172.17.0.1 的 IP 連到網際網路的。而 172.17.0.1 這個 IP 可以使用下面這個指令查到：

```
$ docker network inspect bridge -f '{{ (index .IPAM.Config 0).Gateway }}'
172.17.0.1
```

`docker network inspect` 這個指令可以用來查網路設定的細節內容，而這裡的 `bridge` 指的是預設的 bridge 設定，裡面原始資料是一大串 JSON，使用 `--format` 或 `-f` 則可以將資料做格式化輸出[1]，本例即是把該網路的 IPAM（IP address manager，IP 位址管理）設定的 Gateway 印出來。

從查到的資訊可以知道 bridge 的 IP 為 172.17.0.1，這也就是 container 要連線至網際網路時，使用的 gateway。

在預設 bridge 的網段下，彼此之間是無法用 container 名稱互通的，除非使用 `--link` 選項。可以接續做以下的指令實驗：

```
# 啟動新的 web container
docker run -d --name web nginx

# 從 container1 使用主機名稱連到 nginx
# 這裡會失敗，原因是找不到主機名稱
docker exec -it container1 wget -q -O - web

# 從 container1 使用 IP 連到 nginx
# 這裡會成功，IP 直連是可以 work 的
docker exec -it container1 wget -q -O - 172.17.0.4

# 啟動第三個 alpine，加上 link nginx
docker run -d -it --name container3 --link web alpine

# 兩個方法都能成功
```

1 格式化方法參考 Golang Template 套件包 https://pkg.go.dev/text/template

```
docker exec -it container3 wget -q -O - web
docker exec -it container3 wget -q -O - 172.17.0.4
```

只是單純多兩個 container，執行完後的網路拓撲圖如圖 15-2：

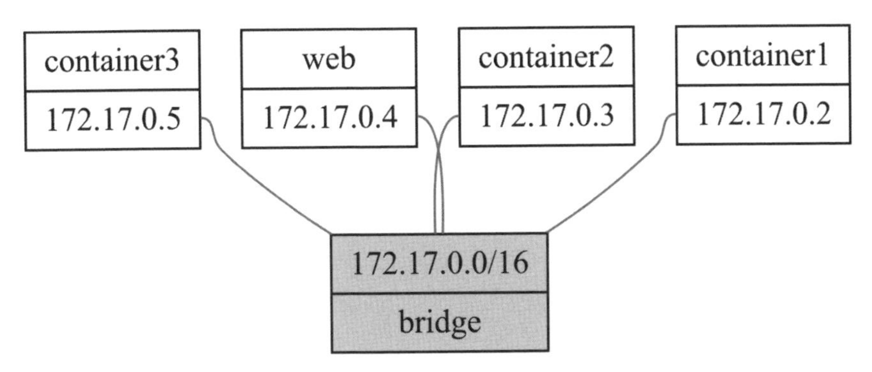

▲ 圖 15-2：實驗網段互連與 --link 指令所產生的網路拓撲圖

執行過程則不大一樣，從結果上來看，主要差異在於一個可以使用 container 名稱連結一個則不行。這裡的實作原理主要是 `/etc/hosts` 多一行，可以進 container 把該檔案印出即可理解。

```
$ docker exec -it container1 cat /etc/hosts
...
172.17.0.2  98bf8acdbf97

$ docker exec -it container3 cat /etc/hosts
...
172.17.0.4  web 52fe83cc8025
172.17.0.5  76a6b1ce2de7
```

這個檔案的用途類似本機的 DNS 記錄，當解析的時候遇到右邊的文字，就會換成左邊的 IP。如，在 container3 裡，解析 web 會換成 172.17.0.4。因此在 container3 裡執行下列兩個指令其實是相同的，因為 web 會被替換成 172.17.0.4。

```
wget -q -O - web
wget -q -O - 172.17.0.4
```

除此之外，`--link` 還會協助產生環境變數，可以下 `env` 指令查看，如：

```
$ docker exec -it container3 env
PATH=/usr/local/sbin:/usr/local/bin:/usr/sbin:/usr/bin:/sbin:/bin
HOSTNAME=76a6b1ce2de7
TERM=xterm
WEB_PORT=tcp://172.17.0.4:80
WEB_PORT_80_TCP=tcp://172.17.0.4:80
WEB_PORT_80_TCP_ADDR=172.17.0.4
WEB_PORT_80_TCP_PORT=80
WEB_PORT_80_TCP_PROTO=tcp
WEB_NAME=/container3/web
WEB_ENV_NGINX_VERSION=1.21.1
WEB_ENV_NJS_VERSION=0.6.1
WEB_ENV_PKG_RELEASE=1~buster
HOME=/root
```

中間有一段 WEB 開頭的環境變數指的正是 nginx 相關的環境變數，為加 `--link` 所產生的。

自己開一個 bridge

使用 `docker network create`，預設會使用 bridge 模式：

```
$ docker network create my-net
713caaa606f7db6d1a5ddafe149ff1213a87acf60687ca5dbee9dc723f0ebba0

$ docker network ls
NETWORK ID     NAME      DRIVER    SCOPE
f1a2499f5040   bridge    bridge    local
1bc7bcd5b0fe   host      host      local
713caaa606f7   my-net    bridge    local
ad2f70cb38e7   none      null      local
```

沿續剛剛的狀態開兩個 container，並設定網路為 my-net：

```
docker run -d -it --name container4 --network my-net alpine
docker run -d -it --name container5 --network my-net alpine
```

圖 15-3 為網路拓撲圖：

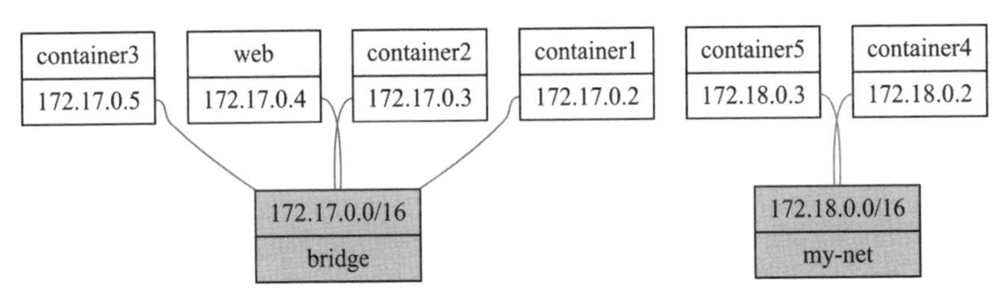

▲ 圖 15-3：加開新的網路，並啟動 container 設定在新的網路上

這裡多了一組 my-net 的網段是 172.18.0.0/16，並有兩組 container 連接。

可以用前面介紹過的指令確認 Gateway 為 172.18.0.1：

```
$ docker exec -it container4 ip route list
default via 172.18.0.1 dev eth0
172.18.0.0/16 dev eth0 scope link  src 172.18.0.2
```

接著，我們來新的網段執行下面指令：

```
# 使用 ping 指令可以確認 container5 有正常做名稱轉 IP
docker exec -it container4 ping -c 3 container5

# 當然，找不到不同網段的裝置
docker exec -it container4 ping -c 3 container1

# 直接用 IP 當然也連不上
docker exec -it container4 ping -c 3 172.17.0.2
```

這裡可以發現，container4 跟 container5 可以直接使用網段的 gateway 互通。但 container4 是沒辦法通到 container1 的，因為它們在設定上屬於不同網段。

如果希望 container4 能同時有 my-net 與 bridge 網路的話，可以使用 `docker network connect` 指令：

```
# 將 container4 連結 bridge
docker network connect bridge container4

# 這次直接用 IP 就連得上了
docker exec -it container4 ping -c 3 172.17.0.2

# 反之 container1 也能連得到 container4
# 先確認 IP 再連線
docker container inspect container4

# 查到 container4 在 bridge 網路 IP 為 172.17.0.7，這次就會通了
docker exec -it container1 ping -c 3 172.17.0.7
```

網路拓撲圖如圖 15-4：

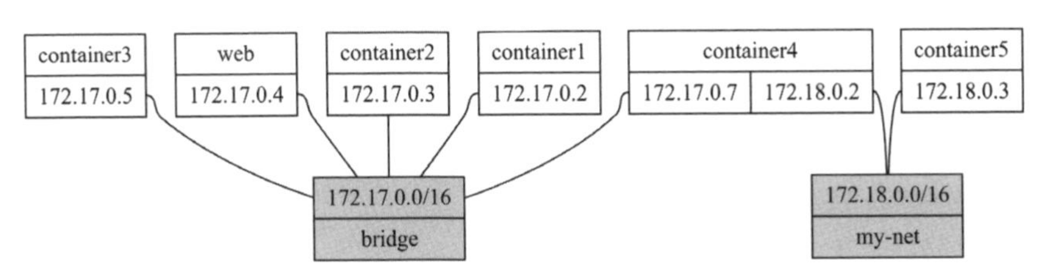

▲ 圖 15-4：container4 連結了兩個不同的網路

從圖裡可以看到 container4 因為掛了兩個網路，所以會有兩個 IP。

上面的例子示範了如何在一個 container 上加掛多個網路設定。但另一方面，`docker run --network` 參數卻是單一選項，而無法帶多個參數。因此這一類需求必須使用 `docker network connect` 來達成目的，寫成腳本就會稍微有點麻煩。

Docker Compose 這時就派得上用場了：

```
version: "3.8"

services:
  container1:
    image: alpine
    stdin_open: true
    tty: true
    network:
      - my-net1
  container2:
    image: alpine
    stdin_open: true
    tty: true
    network:
      - my-net2
  container3:
    image: alpine
    stdin_open: true
    tty: true
    network:
      - my-net1
      - my-net2

networks:
  my-net1:
    driver: bridge
  my-net2:
    driver: bridge
```

從 YAML 檔可以看得出有兩個網路，而 container1 與 container3 用 `my-net1`，container2 與 container3 用 `my-net2`。由工具產生的網路拓撲圖如圖 15-5，命名稍有不同，架構是很明確跟描述相同：

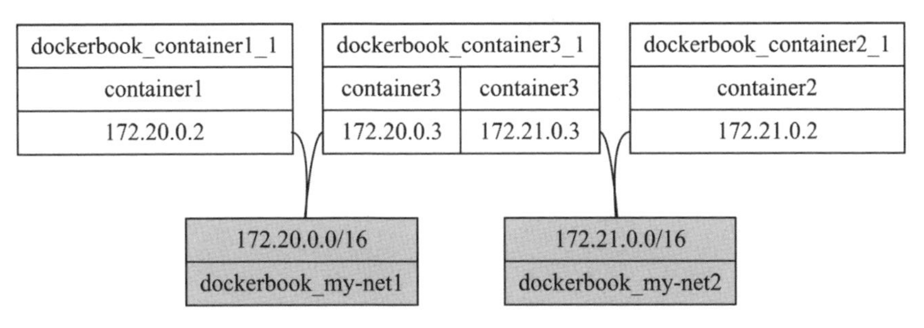

▲ 圖 15-5：Docker Compose 產生的拓撲圖

Bridge 網路是最常使用的，所以多少要了解相關的用法，會對未來規劃或除錯有幫助。

host

注意：下面這個範例需要在 Linux 上才能 work。

相較於 bridge，當使用 container 設定成 `host` 時，Docker 會與 host 共享網路資源，但檔案系統依然是分開獨立的。

```
# 啟動 Nginx 並開啟 80 port，注意這裡沒有 -p 參數
docker run -d -it --network=host nginx:alpine
```

```
# 確認 localhost 80 port 正常
curl http://localhost

# 啟動新的 Nginx 但這次就無法啟動，因為 80 port 被佔走了
docker run --rm -it --network=host nginx:alpine
```

因不需要做 port forwarding，其實蠻方便的。但缺點就是 container 開了任何 port，都會佔用到 host 資源，這樣隔離性就會降低。

container

與 `host` 類似，不同點在於網路配置會與指定的 container 共享。

```
# 啟動 web server
docker run -d -it --name web nginx:alpine

# 啟動 BusyBox 並把它網路設定成 web
docker run --rm -it --net=container:web busybox

# 這裡的回傳的結果即 Nginx container 回應
wget -q -O - http://localhost
```

特色也跟 `host` 一樣，某些情境非常好用，但隔離性就會變差。

none

顧名思義，它就是沒有設定網路，因此使用 none 是無法上網的，必須要手動為它配置網卡才能正常運作。但要注意的是，若一開始就使用 none 網路的話，會無法加其他的網路，必須要把 none 網路移除：

```
docker network disconnect none container1
```

小結

清楚知道 Network，才能順利在許多 host 的環境下串接 container。它甚至就像一個迷你的 VPC 一樣，可以建構出簡單網路架構的私有雲。 對開發階段來說，善用 Network 也有辦法模擬出一般線上實際環境，對於除錯會非常有幫助。

Note

16

Chapter

Docker 與軟體開發方法

Docker 推出的時候，曾用過一個標語[1]：

Build, Ship, and Run Any App, Anywhere！

本書所有內容，都是在說明如何運用 Docker 達成這一個目標。了解前 15 章的內容後，相信更能了解這段標語代表的是什麼意思，以及如何使用 Docker 達成：

1. Build 即 docker build，打造隨開啟用的 image，第 6 ～ 8 章說明如何打造與最佳化
2. Ship 是交付 image 給其他裝置，第 10 章有詳細的說明
3. Run 則是執行應用程式，第 2 章開始就有持續說明如何執行與調整 container 環境參數
4. Any App, Anywhere！第 9 章應該能夠體會得到，只要 Dockerfile 寫好，就能在任何地方執行應用程式

前十五章學習完成後，原則上就能達成標語所期望的目標，可是這之中會有個問題：如何將這個標語的特色應用在現有的開發流程與應用程式裡。比方說，近年台灣開始熱絡地討論了一些軟體開發方法或觀念，像敏捷開發或 DevOps 等，這些方法可能都會跟 Docker 牽到一些關係，主要是因為 Docker 本身應用很廣，如

1　這標語在筆者的 Docker 記念 T 恤上還看得到。

本書是指對開發者所撰寫的；大多數文章則是在談論如何部署 container。

而本章討論的重點，正是要討論如何應用 Docker 在這些方法上。

Continuous Integration

在第 4 章有介紹如何在開發階段應用 Docker，這些方法其實都著重在於執行某項任務，且這項任務可以在獨立環境下運行的。比方説最近很常聽到的 CI ／ CD，全名為 Continuous Integration（中譯為持續整合，後續簡稱為 CI）與 Continuous Delivery（中譯為持續交付，後續簡稱為 CD），其中 CI 的任務就很適合應用 Docker 實踐。

在説明實踐前，首先要先了解 CI 為何。CI 的原文為 Continuous Integration 兩個單字組合，首先看 Integration 整合，是把兩個以上的東西組合在一起看是否能運作正常，如程式碼和環境組合在一起看是否能執行，又或是軟體的整合測試（Integration Testing）是指多個模組組合，並執行驗證；Continuous 則有持續且不間斷的意思，因此 CI 在講的是：

不斷的把東西組合起來看是否運作正常

而不斷的做，是要多常做呢？因此就會有如圖 16-1 的頻率高低的光譜表：

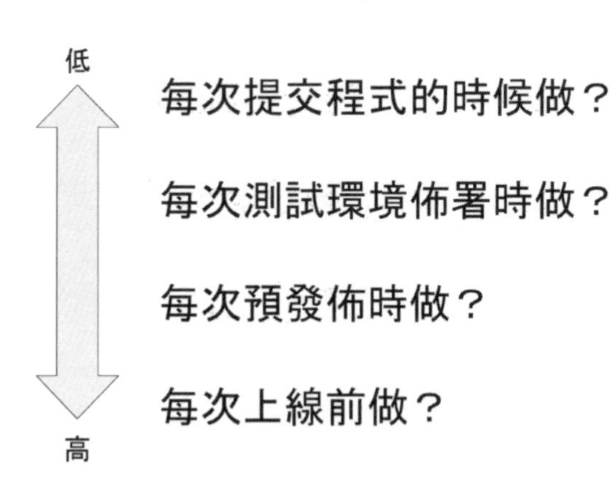

▲ 圖 16-1：到底要多常做整合？

在 CI 的觀念裡，其實是希望越常做越好，以上圖 16-1 來說，「每次提交程式的時候做」即為裡面的最佳選擇。這也是大部分實踐 CI 所選擇的頻率，以 Git 來說，推送程式碼到遠端版本庫即為一次提交，這同時就必須執行整合。最佳的理想狀況就是當敲程式碼的時候就做整合，這也有一個知名的開發方法在實踐 —— Pair Programming，當打錯程式碼的時候，領航員有可能會跳起來打人。

常見的都是採提交程式後整合，那整合會如何執行呢？常見的做法是啟動一個 CI 服務，由它來追蹤程式碼版本庫的動態，在程式碼修改的時候，去執行對應的整合任務。如 Travis CI 可以監控 GitHub 版本庫，並在推送程式碼到對應的 GitHub 版本庫時，在他們家的 server 裡啟動 VM 並執行整合，包括 CI 裡所提到的四個過程 —— 編譯（Compilation）、測試（Testing）、檢查（Inspection）與部署（Deployment）。

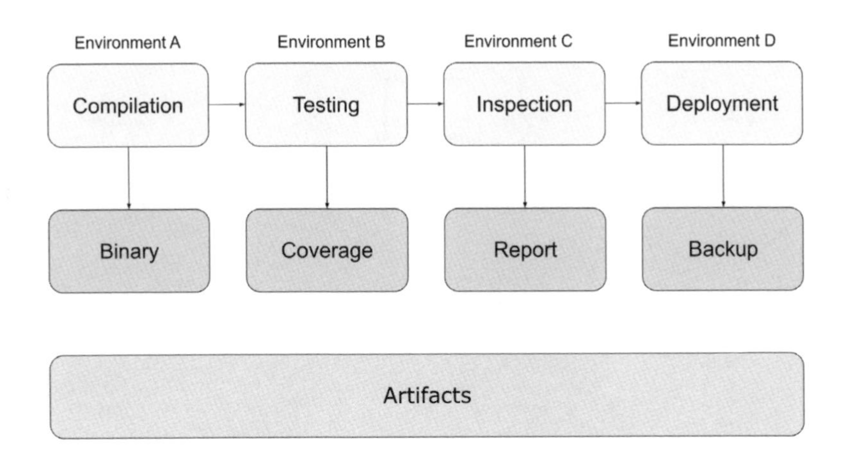

▲ 圖 16-2：CI 的四個階段與對應產出

除了 Travis CI 以外，業界另一個常見的選擇是 Jenkins CI，因為開源免費，可以架設服務在公司內網裡，並將上述提到 CI 的四個過程所需要的工具安裝至 server 裡，最後再使用 Jenkins CI 所提供的功能來完成整合的流程。

服務架設在公司，通常是為了資訊隱私與高可控性，但隨之衍生的問題就是後續的維護成本，比方說如圖 16-3 的測試工具不知道為什麼壞掉了，也找不到任何解決辦法，這時候就會非常令人崩潰。

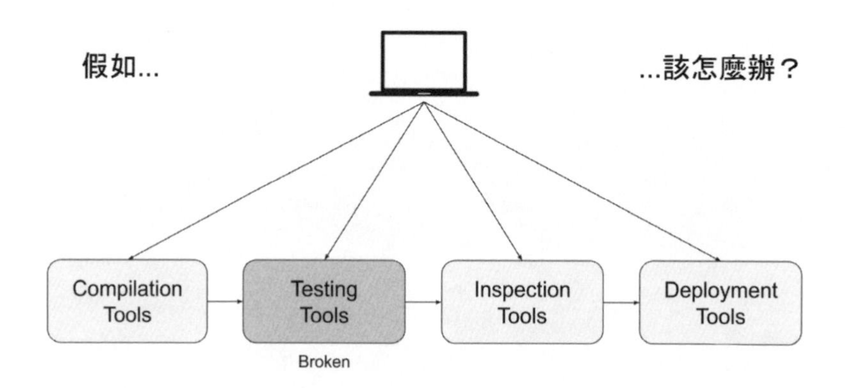

▲ 圖 16-3：假如某個工具壞了

但在這裡可以先想一下，以前使用電腦的時候，如果遇到某個問題原本好好的，突然壞掉又搞不定的時候會怎麼做？不是重新開機，就是砍掉重練對吧！ Docker 就是做到輕鬆砍掉重練的好選擇！回到本節一開始所提到的：「執行某項任務，且這項任務可以在獨立環境下運行的」，如 Java 專案只要準備好 JDK 環境就能夠完成編譯任務、PHP 則是需要直譯器和 Composer 則可以完成專案建置。以 PHP 為例，我們可以在專案執行下面的指令來完成專案建置：

```
docker run -it --rm -v \$PWD:/source -w /source composer:1.10 install
```

並執行下面的指令完成多環境的單元測試：

```
docker run -it --rm -v $PWD:/source -w /source php:7.1-alpine
vendor/bin/phpunit
docker run -it --rm -v $PWD:/source -w /source php:7.2-alpine
vendor/bin/phpunit
docker run -it --rm -v $PWD:/source -w /source php:7.3-alpine
vendor/bin/phpunit
docker run -it --rm -v $PWD:/source -w /source php:7.4-alpine
vendor/bin/phpunit
docker run -it --rm -v $PWD:/source -w /source php:8.0-alpine
vendor/bin/phpunit
```

上面的指令有設定 --rm，這表示 Container 每次執行完就會被移除，下次又會是全新的開始，這樣做就比較不容易遇到環境互相影響上的問題了。但為什麼要做到每次都把 container 移除呢？這有兩個重要的用途，一個是確保程式不會影響到其他人，另一個則是讓 CI 執行的過程就有如新人一般，將所有的配置從無到有設定過，並完成驗收，這意味著新人可以照著 CI 的步驟達成一樣的結果。

想了解更多有關於 CI 的內容，作者有另一個獲得優選的鐵人賽作品「CI 從入門到入坑」，主題正是在討論 CI 該如何實踐與執行：

https://ithelp.ithome.com.tw/users/20102562/ironman/987

The Twelve-Factor App

The Twelve-Factor App（下稱 12 Factor）是開發 SaaS（Software as a Service）的方法論，它描述了一個 SaaS 服務應該要有的特質，適用現在常見的 Web 應用，或是網路相關服務等軟體開發。

筆者是先接觸 Docker 之後，再接觸 12 Factor 的。當時還處在把 Docker 當輕量 Vagrant 用的時期，只感到阻礙重重。比較經典的例子像是：搞不懂為什麼 Apache container 一定要在 running Apache 的時候，才能透過 docker exec 進入 container。

後來在看 12 Factor 的時候，才發現錯把 container 當 VM 使用了。當時的感受是，原來 Docker 是實踐 12 Factor 的好例子；而從另一個角度來說，我們撰寫程式遵守了 12 Factor 方法，則能讓導入 Docker 更順利。同時，12 Factor 的目標，也是為了建構一個水平擴展性高的系統架構，因此符合 12 Factor 的軟體，同時也就很容易部署在雲端服務上，如 AWS。

以下帶讀者簡單了解 12 Factor 與 Docker 相關的地方，有興趣的讀者可以直接閱讀原文[2]。

2 The Twelve-Factor App 官網：https://12factor.net

1. Codebase

One codebase tracked in revision control, many deploys

一份原始碼，可以創造出多份部署。從原始碼到部署中間會經過許多關卡，如 CI 所提到 Build。但不管部署在哪，最初的原始碼必須要是同一個 codebase 下簽出來的，而一個簽出版本，則可以產生多種不同目的的部署。（如圖 16-4）

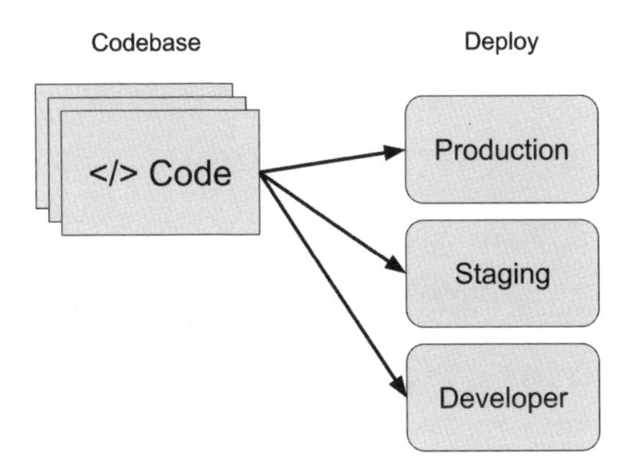

▲ 圖 16-4：一份 Codebase 產生多份 deploy 的示意圖

Docker 也是遵守此概念而設計出來的。Dockerfile 是描述固定的建置過程，而原始碼（包含 Dockerfile）可透過 docker build 來產生 image；相同的 Dockerfile 可以透過使用 ARG 參數來產出不同變種（variant）的 Image；而執行階段也可以透過 ENV 參數來達到部署不同應用目的的實體。

但，這代表什麼意思呢？舉個例子：當從 codebase 取出某個版本時，我們可能會需要開發實驗，因此透過建置的方法這份原始碼產生開發用的實體；需要測試，則產生測試的實體，需要上線，則產生正式應用的實體，這三個不同的部署，會使用相同的原始碼版本，這是一個常見平常開發到上線的流程。如果某一天，線上突然發現異常的 bug 需要修正，對 12 Factor 應用而言，開發者只需要找出線上的原始碼版本，並在本地端簽出，即可在本地產生開發實驗用的實體。

筆者有遇過無法像 12 Factor 這樣做的 codebase，主要是因為原始碼以及線上環境裡寫死了單一環境的資訊，開發者必須要提交環境設定更新，才有辦法在指定環境下，執行指定版本的實體。Debug 困難不提，最大的問題在於不同版本間都做了一點小修改，這可能會因為人為修改錯誤而造成系統運行失敗。

2. Dependencies

Explicitly declare and isolate dependencies

明確地聲明與隔離依賴。什麼是不明確地聲明？比方說，直接在環境安裝了全域都可以直接使用的套件，這就很容易踩到不明確聲明。

Dockerfile 的流程中，必須明確寫出安裝依賴的過程，才有辦法正常執行應用程式，如 Laravel image 的範例 Dockerfile：

```
# 安裝 bcmath 與 redis
RUN docker-php-ext-install bcmath
RUN pecl install redis
RUN docker-php-ext-enable redis

# 安裝程式依賴套件
COPY composer.* ./
RUN composer install --no-dev --no-scripts && composer clear-cache
```

有了明確聲明依賴後，任何人都可以依照這個流程打造出一模一樣的環境 —— 執行 docker build。

目前大多數的語言都有提供套件管理工具，工具的目的正是要做到「明確地聲明與隔離依賴」這件事；而隔離依賴指的則是 codebase 的隔離，使用了某個套件，但 codebase 跟依賴分開存放，且交由相關工具來將依賴載入。

3. Config

Store config in the environment

把設定存放在環境裡。設定包含下面幾種：

- Backing services 的設定，如 DB / Redis 等

- 第三方服務的 credentials，如 AWS
- Application 在不同環境下，會有特別的設定，如域名

不同環境的設定可能差異非常大，但它們都可以在同一份原始碼上正常運作。這樣的做法有幾個好處：

1. 安全，像 credentials 就不會隨著原始碼外流
2. 若設定放在原始碼，則調整設定就勢必得從修改原始碼開始；若設定放在環境，則直接修改環境上的設定即可

MySQL environment 的範例正是綜合了 Codebase 方法與 Config 來達成同一份原始碼，不同設定的部署實例。

4. Backing services

Treat backing services as attached resources

將後端服務作為附加資源。後端服務是程式運行過程中，需要透過網路呼叫的服務，包括了 MySQL、Redis 等常見的第三方服務，當然也包括了 12 Factor App。（如圖 16-5）

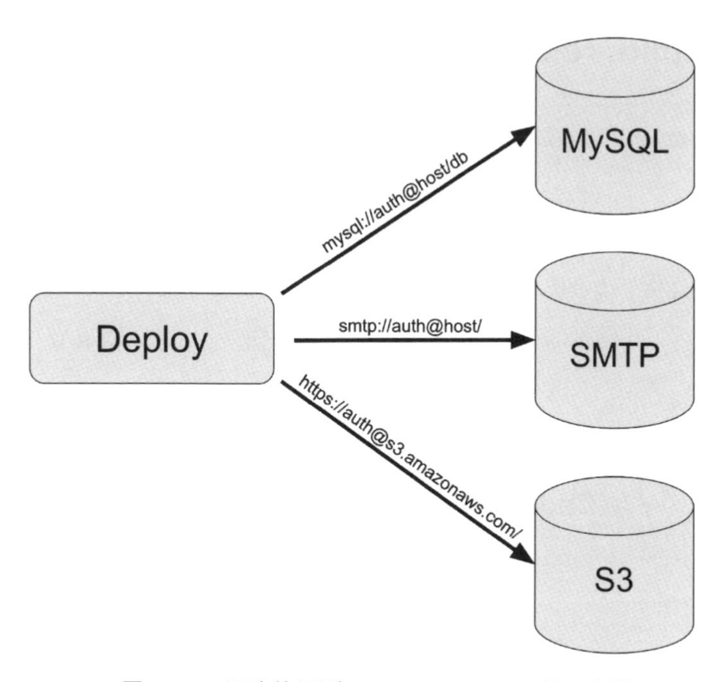

▲ 圖 16-5：服務使用到 Backing services 的示意圖

這樣設計的好處即容易替換服務，比方說想把 MySQL 換成 MariaDB，或是 Redis 3.0 升級成 Redis 5，只要把連線設定調整即可，不需要做任何程式碼的修改。

若使用 Docker Compose 會更方便，只要更新完定義檔，重新執行啟動指令就可以立即替換了：

```
docker-composer up -d
```

5. Build, release, run

Strictly separate build and run stages

這其實就是 Docker 的標語：Build, Ship, and Run。嚴格區分 build 和 run 流程，build 階段只能調整程式與整合依賴成建置產出物；run 階段則只能把建置產出物拿來執行即可。（如圖 16-6）

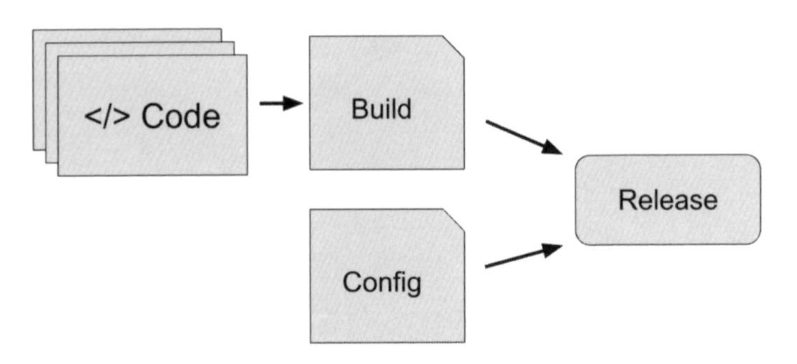

▲ 圖 16-6：Build, release, run 的示意圖

在 Docker container 裡修改程式碼是非常麻煩的，因為需要做非常多前置準備，同時在 12 Factor 裡，這件事也是被嚴格禁止的，原因是因為這些在執行階段做的修改，是很難再同步回 codebase 的。正確的方法應該是要依照 Build, ship, and Run 的步驟來修改部署內容。

6. Processes

Execute the app as one or more stateless processes

使用一個以上的無狀態 process 來執行應用程式。這裡的關鍵在於要設計成無狀態，如果有狀態或資料要保存，可以透過 IV. Backing services 保存，比方說使用資料庫儲存資料。會這樣設計的主要原因是，一個流量較大的服務通常會啟動多個 process，因此請求完後的下一次請求很有可能會是不同的 process 完成任務，因此先前在記憶體保存的資料就會找不到，而有機會發生錯誤。

Docker 每次啟動 container 都是全新的沒有過去狀態的，因此要設計在 Docker 上執行的應用程式，就必須要思考 container 無狀態這個特性。設計一個後端服務可能很難，但一般的指令大多都能達成這樣的要求，如第四章介紹的 container 應用正是活用此特性的範例參考。

7. Port binding

Export services via port binding

透過 port 綁定來提供服務。

Docker 可以用 port forwarding 來對外提供服務，Dockerfile 則可以使用 `EXPOSE` 指令讓 container 之間也可以互相使用 port 存取服務。

```
EXPOSE 80

CMD ["php", "artisan", "serve", "--port", "80"]
```

8. Concurrency

Scale out via the process model

透過 process model 做水平擴展。12 Factor 是以工作類型來分類 process，如 HTTP 請求給 web process 處理，背景則是使用 worker process。

配合 Processes 提到的無狀態特性，可以讓應用程式非常容易做水平擴展，甚至是跨 VM、跨實體機器的擴展。

Container 即 process，因此 Docker 要做水平擴展是非常簡單的 —— 多跑幾次 `docker run` 就行了，甚至 Docker Compose 還提供專用的 `scale` 指令：

```
docker-compose scale web=2 worker=3
```

9. Disposability

Maximize robustness with fast startup and graceful shutdown

快速啟動，優雅終止，最大化系統的強健性。

將應用程式設計成可以快速啟動並開放服務，好處就在於擴展和上線變得非常容易。收到終止信號 `SIGTERM` 則要求 process 停止接收任務，並把最後的任務完成後，才真正結束 process。

Docker 在管理啟動或終止都做的很完整，但最重要的還是要有程式設計配合演出，才有辦法提高系統的強健性。

10. Dev/prod parity

Keep development, staging, and production as similar as possible

盡可能保持環境一致，環境一致最大的好處還是在於開發除錯的效率。「我的電腦上就沒問題」這句話正是這個方法的反指標，正因個人環境上有做了特別安裝，才讓程式有辦法正常運作，這個安裝過程就得考慮是否要同步到其他人或測試環境上。

Dockerfile 是一個 IoC 很好的實踐，因此非常容易做到環境一致。

11. Logs

Treat logs as event streams

使用 event stream 輸出 log。正如 Backing services 與 Processes 所提到的，12 Factor App 不應該保存狀態，類似的，它也不應該保存 log，而是要把 log 作為 event stream 輸出。

Docker 可以截取 process 的標準輸出（`STDOUT`），並透過內部機制轉到 log driver，因此程式只要處理好標準輸出即可。

12. Admin processes

Run admin/management tasks as one-off processes

管理與維護任務作為一次性的 process 執行，像 migration 正是屬於這一類的任務。

對 Docker 而言，要在已啟動的 container 上執行 process 太簡單了，使用 `docker exec` 即可達成任務。

```
docker exec -it web php artisan migrate
```

12 Factor 的目標

軟體工程很多技術都需要以終為始重新思考，因此回頭來看 12 Factor 當初設計的目標：

- *Use **declarative** formats for setup automation, to minimize time and cost for new developers joining the project;*
- *Have a **clean contract** with the underlying operating system, offering **maximum portability** between execution environments;*

- *Are suitable for* ***deployment*** *on modern* ***cloud platforms****, obviating the need for servers and systems administration;*
- ***Minimize divergence*** *between development and production, enabling* ***continuous deployment*** *for maximum agility;*
- *And can* ***scale up*** *without significant changes to tooling, architecture, or development practices.*

簡單整理如下：

1. 使用描述的格式設定自動化流程，讓新人能用更小的成本加入專案。在為各種框架 build image 的時候有提到「只要有程式和 Dockerfile，讀者就可以建得出跟筆者一樣的環境與 server」。不僅如此，因為 Dockerfile 正是描述如何建置環境，因此對任何理解描述的開發者，都有辦法調整裡面的流程，並同步給其他開發者。
2. 與 OS 之間有更清楚的介面，這樣就能具備更高的移植性，因此 12 Factor App 不僅能在很多機器上執行，甚至是雲端服務上也能運作良好。
3. 追求環境一致性，因此能有更快的交付速度，在實現持續整合與持續部署會更加容易。
4. Process model 設計，讓擴展服務變得非常容易，甚至不需要動到任何工具架構，或開發流程。

曾有人問筆者：身為一個開發者，學完 run container，學完 build image，之後要學什麼呢？

學習寫出符合 12 Factor 的程式。

因為符合 12 Factor 的程式，能很順利的在 Docker 上運行與維運。

A

Appendix

指令補充說明

本書介紹的指令與相關參數，詳細的用法都列在此附錄。Kubernetes 或其他 container orchestration 工具，其實就是用這些方法與資訊在管理 container 的，因此了解這些內容對於開發出適用於 container orchestration 工具的程式或 image，是非常有幫助的。

Docker 的元件有各自的子指令可以操作，以本書提到的元件有 image、container、volume、network 四種，子指令如下：

- `docker image`
- `docker container`
- `docker volume`
- `docker network`

其中 image 與 container 是使用頻率最高的，所以 docker 有提供短指令可以快速執行，如下面兩個指令的結果是一樣的：

```
# 短指令
docker run hello-world

# 完整的元件指令
docker container run hello-world
```

有些執行情境下，從完整的元件指令可以清楚了解 Docker 處理元件的意圖為何。如第 2 章所提到的 docker run 細節，如果改成元件指令的話如下：

```
# 查看本機 image
docker image ls busybox

# 下載 image
docker image pull busybox

# 建立 container
docker container create -i -t --name foo busybox

# 確認 container 狀態
docker container ps -a

# 執行 container
docker container start -i foo
```

這樣的寫法就可以很明確看到前兩個指令是操作 image，而後面三個指令則是操作 container。

以下為短指令對應到的元件指令表，以字母排序

短指令	完整的元件指令
docker attach	docker container attach
docker build	docker image build
docker commit	docker container commit
docker create	docker container create
docker exec	docker container exec
docker export	docker container export
docker history	docker image history

短指令	完整的元件指令
docker images	docker image ls
docker import	docker image import
docker kill	docker container kill
docker load	docker image load
docker logs	docker container logs
docker ps	docker container ls
docker pull	docker image pull
docker push	docker image push
docker rm	docker container rm
docker rmi	docker image rm
docker run	docker container run
docker save	docker image save
docker start	docker container start
docker stop	docker container stop
docker tag	docker image tag

docker attach

把目前執行指令的前景「接」到 container 上，用法如下：

```
docker attach [OPTIONS] CONTAINER
```

只要處於 detach 的 container，都能使用這個指令回到 container 上。

docker create

建立 container。這個指令類似 `docker run`，但它只有建立 container 而沒有執行。兩個指令單純只差在有沒有執行，所以它們的參數幾乎都共用。

用法如下：

```
docker create [OPTIONS] IMAGE [COMMAND] [ARG...]
```

參數的部分請參考 `docker run`。

docker exec

在一個正在執行的 container 上執行指令，用法如下：

```
docker exec [OPTIONS] CONTAINER COMMAND [ARG...]
```

`docker run` 與 `docker exec` 做的事很相似，決定性差異在於：`docker run` 會產生新的 container，而 `docker exec` 需要運行中的 container。可參考第 11 章「Docker 如何啟動 process」了解更詳細的說明。

- `-i|--interactive` 和 `-t|--tty` 參數用法與 docker create 相同

docker export

把 container 的檔案系統使用 tar 打包輸出。預設會使用標準輸出（STDOUT），用法：

```
docker export [OPTIONS] CONTAINER
```

與 `docker save` 類似，也有使用導出（`>`）的方法輸出檔案，也有參數可以取代導出：

- `-o|--output` 不使用標準輸出，改使用輸出檔案，後面接檔案名稱即可

docker import

把打包的 tar 檔的檔案系統導入到 Docker repository 裡。預設會使用標準輸入（STDIN），用法：

```
docker import [OPTIONS] file|URL|- [REPOSITORY[:TAG]]
```

與 `docker load` 類似，使用導入（`<`）來讀取檔案內容，但它沒有選項可以取代導入，而是改成使用參數的方法。下面是使用導入與不使用導入的對照範例：

```
docker image import myimage < my-export.tar
docker image import my-export.tar myimage
```

docker images

查看本機目前有哪些 image，用法如下：

```
docker images [REPOSITORY[:TAG]]
```

`REPOSITORY` 沒給的話，會列出本機所有的 image；如果有給的話，則會把該 repository 所有 tag 都列出來；如果加給 `TAG`，則只會列出該 repository + tag 對應的 image。

docker load

把打包的 tar 檔載入到 Docker repository 裡。預設會使用標準輸入（STDIN），用法：

```
docker load [OPTIONS]
```

類似 save，只是它是使用導入（`<`）來讀取檔案內容，一樣可以使用參數來取代導入：

- `-i|--input` 不使用標準輸入，改成直接指定檔案

docker pull

從遠端 repository 下載 image，用法如下：

```
docker pull NAME[:TAG|@DIGEST]
```

`TAG` 若沒有給的話，預設會使用 latest，因此下面這兩個指令是等價的：

```
docker pull busybox
docker pull busybox:latest
```

docker rm

補充説明其他參數：

- `-f|--force` 如果是執行中的 container，會強制移除（使用 SIGKILL）

docker rmi

`rmi` 即 rm image 之意，移除 image，用法如下：

```
docker rmi [OPTIONS] IMAGE [IMAGE...]
```

docker run

透過 image 產生 container 並執行，用法如下：

```
docker run IMAGE[:TAG]
```

這個指令的功能很單純，但選項非常多樣化。

本書提到的參數

本書提到的都是很基本設定，建議讀者多練習這些參數。

- `--name` 參數為指定 container 名稱，它必須是唯一，若沒指定則會亂數產生
- `--rm` 當 container 主程序一結束時，立刻移除 container
- `-d|--detach` 背景執行 container
- `-p|--publish` 把 container 的 port 公開到 host 上，格式為 `[[[IP:]HOST_PORT:]CONTAINER_PORT]` 給完整格式的話，會把 `IP:HOST_PORT` 綁定到 `CONTAINER_PORT`；如果沒給 IP，則 IP 會代 0.0.0.0；如果連 HOST_PORT 也沒給，則會使用 0.0.0.0 加上隨機選一個 port，如 `0.0.0.0:32768`
- `-v|--volume` 掛載 volume 到這個 container 上，格式為 `[/host]:[/container]:[??]`
- `--volumes-from` 新的 container 共享舊的 container 的 volume 設定
- `--link` 連結 container，參數為 container name 或 hostname，也可以設定 alias
- `--network` 指定網路設定 `docker run`
- `-w|--workdir` 指定預設執行的路徑

其他參數

使用 `docker create --help` 指令，可以看到非常多參數可以使用。筆者在本書已有介紹許多常用參數，以下列幾個出來讓讀者參考，同時也可以了解 Docker 在配置 Container 可以有什麼選項：

參數	用途
--add-host	新增 host 與 ip 的對照表，也就是 `/etc/hosts` 的表
--cpus	分配 CPU 資源
--device	分配 host 的裝置
--dns	自定義 DNS server
--entrypoint	覆寫 ENTRYPOINT 設定，注意這裡會是 exec mode
--env-file	如果 env 族繁不及備載的話，可改用檔案
--expose	揭露可以使用的 port
--gpus	分配 GPU 資源
--hostname	自定義 hostname
--ip	自定義 IP
--label	設定 metadata
--mac-address	自定義 MAC address
--memory	設定記憶體上限
--restart	設定自動重啟機制
--volume-driver	使用 volume driver

以上面的例子可以發現幾件事：

1. Dockerfile 很多設定都可以在 `docker run` 階段再覆蓋
2. CPU 與記憶體設定可以調整使用上限
3. 網路設定幾乎都可以客製化－－網路是 container 對外溝通的重要管道之一
4. Volume 設備也可以客製化－－也是 container 對外溝通的管道

建議讀者可以看過一輪，大致了解 Docker 可以控制 container 什麼樣的設定。

docker save

把 image 使用 tar 打包輸出。預設會使用標準輸出（STDOUT），用法：

```
docker save [OPTIONS] IMAGE [IMAGE...]
```

因為是使用標準輸出，所以會使用導出（`>`）的方法輸出檔案，也可以使用下面這個參數來取代導出：

- `-o|--output` 不使用標準輸出，改使用輸出檔案，後面接檔案名稱即可

docker start

啟動 container。

```
docker start [OPTIONS] CONTAINER [CONTAINER...]
```

- `-i|--interactive` 把標準輸入綁定到容器上

注意：這裡的 `--interactive` 參數與 `docker create` 的 `--interactive` 參數的意義不同，必須要兩個都有啟用才能與容器互動。如下面這兩個範例都是會有問題：

```
# Contaner 有開
docker create -i --name some alpine
docker start some

#
docker create --name some alpine
docker start -i some
```

而 `docker run` 的 `--interactive` 會同時兩個都啟用。

docker stop

強制停止指定的 container，用法：

```
docker stop [OPTIONS] CONTAINER [CONTAINER...]
```

此指令會送出 `SIGTERM` 信號給 container 的主程序，當 timeout（預設 10，可使用 `-t|--time` 參數調整）後會再送出 `SIGKILL`，也就是 `kill -9`。

類似地，`docker pause` 是送 `SIGSTOP`；`docker kill` 則是直接送 `SIGKILL`。

docker network create

建立網路設定，用法如下：

```
docker network create [OPTIONS] NETWORK
```

本範例並沒有帶任何參數，但需要了解的是下面這個：

- `-d|--driver` 使用的 driver，預設 `bridge`，其他參數可以參考官網說明

docker volume create

建立 volume

- `--name` 指定 volume 名稱

docker-compose run

用法：

```
docker-compose run [options] SERVICE [COMMAND]
```

與 `docker run` 非常像，但大部分的選項或參數都是取自於 YAML 裡的設定。

- `COMMAND` 為啟動 service 後，要執行的指令
- `--rm` 與 `docker run` 的 `--rm` 用法一樣，當 container 結束的時候就移除 container

docker-compose up

用法：

```
docker-compose up [options] [SERVICE...]
```

建立並啟動所有 YAML 定義裡所有的 container。

- `SERVICE` 為 YAML 定義的 service 名稱，當沒有帶參數時，會建立並啟動所有 service，有帶則僅建立啟動該 service
- `-d` 與 `docker run` 的 `-d` 用法一樣，讓 container 在背景執行

docker-compose logs

用法：

```
docker-compose logs [options] [SERVICE...]
```

查看 container 的標準輸出內容，以到目前為止的範例，都是 log 居多。

- `SERVICE` 為 YAML 定義的 service 名稱，當沒有帶參數時，會顯示所有 service log，有帶則會僅顯示該 service 的 log
- `-f` 當 container log 有更新時，會自動更新到畫面上

B

Appendix

其他好用的指令

主要章節與附錄一，都是針對主題或需求介紹相關的指令。有的指令跟主題並沒有關係，但實務上可能會用到的，都列在此附錄裡。

inspect 指令

四種元件都有各自的 inspect 指令：

```
docker image inspect
docker container inspect
docker volume inspect
docker network inspect

# 懶人全部功能通吃的指令
docker inspect
```

比方說，container 可以查出非常詳細的 Volume 設定、網路設定、CPU、Memory 等資訊。

```
# Volume 設定
docker container inspect -f '{{json .Mounts}}' mycontainer

# 網路設定
docker container inspect -f '{{json .NetworkSettings}}' mycontainer
```

```
# CPU、Memory 資訊
docker container inspect -f '{{json .HostConfig}}' mycontainer
```

docker image prune

這個指令會把同時符合下面條件的「孤兒」image 移除。

1. `REPOSITORY` 與 `TAG` 標 `<none>`
2. 沒有其他 image 或 container 依賴這個孤兒 image

```
REPOSITORY                          TAG                       IMAGE ID
CREATED                 SIZE
<none>                              <none>                    f9bb75ff4a9c
13 hours ago            56.2MB
```

以上面這個例子來說：

1. 符合 `REPOSITORY` 與 `TAG` 標 `<none>` 條件
2. 是否跟 image 有依賴關係可以用 `docker image ls -f dangling =true | grep f9bb75ff4a9c` 指令檢查
3. 是否跟 container 有依賴關係可以用 `docker ps -a -f ancestor =f9bb75ff4a9c` 指令檢查

通常在測試 build image 的時候，會不斷建出 `REPOSITORY` 與 `TAG` 為 `<none>` 的 image，這時就可以使用這個指令把不認識的 image 全部清除。

docker container prune

已停止的 container 需要靠人工移除，或是配合 `--rm` 參數讓 Docker 自動移除。這個指令可以清除非運行中的 container，包括剛建立未啟動的狀態也算是非運行中的 container。

另外如果是 Bash 的話，可以用下面這個指令無條件清除所有運行中與非運行中 container：

```
# -v 參數代表要順便移除 volume
docker rm -vf $(docker ps -aq)
```

docker container cp

這個指令與 Dockerfile COPY 有一半像，`docker container cp` 與 `COPY` 都可以把 host 的檔案複製到 container，而只有 `docker container cp` 可以把 container 的檔案複製到 host。

用法如下：

```
docker container cp [OPTIONS] CONTAINER:SRC_PATH DEST_PATH|-
docker container cp [OPTIONS] SRC_PATH|- CONTAINER:DEST_PATH
```

一個例子如下：

```
# 把 container 裡 build 好的 JAR 檔複製出來
docker container cp jdk_container:/source/target ./
```

有時候需要把 container 裡面，執行建置好的檔案複製出來，如 `npm install` 後的 node_modules。

docker diff

一開始在介紹三大元件時有提到：image 的內容是唯讀的，而 container 內容是可讀寫。

這個指令可以查 container 檔案系統與 image 檔案系統的差異，也就是 container 啟動後，到底對檔案系統做了哪些修改。

```
# 使用 bash 進入 container
$ docker run -it --name foo debian bash

# container 裡新增 newfile 檔案並離開
```

```
# touch newfile
# exit

# 執行 diff 指令會看到 newfile 檔案
$ docker container diff foo
C /root
A /root/.bash_history
A /newfile
```

docker update

指令使用方法如下：

```
docker update [OPTIONS] CONTAINER [CONTAINER...]
```

這個指令可以動態調整 container 的 CPU、memory、restart 機制等。而 Volume 設定與 Network 設定是無法調整的，只能砍掉重練。但只要一開始有配置好，砍掉重練是非常簡單的。

傳送信號給 container

以下指令會對 pid 1 process 送出對應的信號：

Docker 指令	信號
docker container kill	SIGKILL
docker container pause	SIGSTOP
docker container stop	先 SIGTERM，timeout 到了會改送 SIGKILL
docker container unpause	SIGCONT

其他雜七雜八的指令

Docker 指令	用途
docker container port	查目前 host 與 container 有設定哪些 port forwarding
docker container rename	改 container 名稱
docker container restart	先 stop 再 start
docker container stats	查看 container 的 CPU 與記憶體使用量
docker container top	觀察 container process 狀態，其實等於在 container 裡下 ps 指令
docker container wait	執行後，會等到 container 結束，然後再把 exit code 印出

民眾
新聞網